십대들이여,
주식을 탐하라

십대들이여, 주식을 탐하라

(십대를 위한 경제 캠프, 주식 1주의 힘)

[행복한 청소년®] 시리즈 No. 09

지은이 | 최무연
발행인 | 홍종남

2022년 10월 10일 1판 1쇄 발행
2023년 4월 19일 1판 2쇄 발행(총 2,000부 발행)

이 책을 만든 사람들
기획 | 홍종남
북 디자인 | 김효정
교정 교열 | 주경숙
출판 마케팅 | 김경아
제목 | 구산책이름연구소

이 책을 함께 만든 사람들
종이 | 제이피씨 정동수·정충엽
제작 및 인쇄 | 천일문화사 유재상

펴낸곳 | 행복한미래
출판등록 | 2011년 4월 5일. 제 399-2011-000013호
주소 | 경기도 남양주시 도농로 34, 301동 301호(다산동, 플루리움)
전화 | 02-337-8958 팩스 | 031-556-8951
홈페이지 | www.bookeditor.co.kr
도서 문의(출판사 e-mail) | ahasaram@hanmail.net
내용 문의(지은이 e-mail) | twolions@naver.com
※ 이 책을 읽다가 궁금한 점이 있을 때는 지은이 e-mail을 이용해 주세요.

ⓒ 최무연, 2022
ISBN 979-11-86463-62-8
〈행복한미래〉 도서 번호 093

십대들이여,
주식을 탐하라

| 최무연 지음 |

STOCK

행복한미래

십 대들이여, 주식을 탐하라!

"테슬라가 많이 올랐어."
"대박!"

　요즘은 학교에서도 가끔 이런 대화를 듣곤 해요. 들을 때마다 주식에 관심 있는 학생이 많다는 걸 실감하게 되지요. 정말 주식 투자가 우리 곁에 성큼 다가온 것 같아요. 학생들은 주식에 이렇게나 관심이 많은데, 정작 학교는 이런 현실을 따라가지 못하고 있어요. 학교에서 주식을 가르쳐 주지 않으니, 학생들은 주식에 대한 지식이나 정보를 부모님이나 주위 사람들에게 의지할 수밖에 없는 게 현실이에요. 심지어 자기 판단으로 투자하는 게 아니라 다른 사람의 말만 듣고 그대로 따라 하는 경우도 종종 있지요.

　《십대들이여, 주식을 탐하라》는 이런 상황에 있는 학생 투자자의 궁금증을 확 풀어주기 위해 탄생한 책이에요. 주식의 개념부터 실제 매매 과정, 또 요즘 가장 뜨거운 ETF와 미국 주식 등에 이르기까지 주식 투자의 모든 것을 담았어요. 학생들의 눈높이에 맞는 예를 통해 쉽게 풀었으니, 여기저기서 얻은 조각 정보에 답답했던 학생 투자자라면 시원하게 주식에 대한 체계를 잡을 수 있을 거예요.

　무엇이든 시작이 중요하죠?
　더구나 주식은 어릴수록 제대로 배워야 해요.
　어릴 때 배운 투자 지식과 습관이 평생을 함께할 테니까요.
　《십대들이여, 주식을 탐하라》와 함께 진정한 투자자가 되어 보세요.

최무연

차례

:4부:

주식 투자의 정석

: 1부 :

십 대를 위한 경제 콘서트,
투자

1.

투자의 '투'자도 모르는데요?

사람은 누구나 살아가기 위해 돈을 벌어요. 어떤 사람은 회사에 가서 일한 후 월급을 받고, 어떤 사람은 가게를 운영해서 돈을 벌기도 해요. 세상에는 돈을 버는 방법이 많이 있어요. 지금부터 말하려는 '투자'도 역시 돈을 버는 방법의 하나예요. 그런데 투자로 돈을 버는 것은 일해서 돈을 버는 것과 방법이 조금 달라요. 일은 사람이 직접 뭔가를 해야 하지만, 투자는 사람이 아닌 '돈'이 일을 해서 '돈'을 버는 거예요.

사람들은 돈을 벌기 위해 다양한 곳에 투자하지요. 어떤 사람은 아파트나 땅을 사고, 어떤 사람은 금이나 은을 사기도 해요. 또 어떤 사람은 그림이나 예술품을 사기도 하고요. 요즘 광고를 보니 음악 저작권에도 투자하더라고요. 이처럼 돈으로 사서 돈을 버는 방법을 '투자'라고 하고, 그중에서도 주식은 대표적인 투자 방법의 하나예요.

투자의 조건

성공적인 투자를 위해서는 몇 가지 조건이 있어요.

투자를 위한 첫 번째 조건은 '돈'이에요.

투자는 돈을 벌기 위해 돈을 쓰는 일이기 때문에 돈이 없으면 할 수가 없어요. 여러분이 만약 주식에 투자하고 싶다면 무엇보다 먼저 돈을 모아야 해요. 용돈을 아낄 수도 있고, 사고 싶은 물건을 사지 않고 참을 수도 있어요. 또 세뱃돈을 모을 수도 있지요. 이렇게 투자를 위해 모은 돈을 '투자금'이라고 불러요. "투자하고 싶으면 투자금이 있어야 한다"라고 말하면 학생이 무슨 돈이 있냐며 실망할지도 모르겠어요. 하지만 지금 당장 투자금이 없어도 괜찮아요. 투자는 적은 돈으로 시작해서 큰돈을 모으는 과정이니까요. 지금 여러분에게 필요한 것은 많은 돈이 아니라, 돈의 가치를 알고 꾸준히 돈을 모으는 습관이거든요. 지금 당장은 적더라도 꾸준히 절약하고 모으다 보면 언젠가는 큰 부자가 될 수 있을 거예요.

투자를 위한 두 번째 조건은 '시간'이에요.

세상의 모든 투자에는 시간이 필요해요. 투자는 일정한 시간이 지나고 나서야 수익으로 돌아와요. 시간에 대한 투자 없이 돈을 벌었다면 그것은 투자가 아니라 도박에 가까워요. 아니면 복권처럼 운이 억세게 좋은 것이겠지요. 그런 행운이 우리에게 찾아올 확률은 거의 없어요.

세상에 그 어떤 투자도 시간에 대한 투자 없이 수익을 낼 수는 없으니까요.

투자를 위한 세 번째 조건은 '노력'이에요.

투자해서 돈을 벌려면 투자할 곳에 대한 정보를 모으기 위한 노력이 필요해요. 노력이라고 해서 대단한 건 아니에요. 어떤 기업에 투자해야 할지 모르잖아요? 세상에는 너무 많은 기업이 있으니까요. 일상생활에서 잘 팔리는 물건이나 많은 사람이 좋아하는 걸 만드는 기업이라면 어떨까요? 이런 것에 관심을 가지고 지켜보며 찾는 것도 노력이라고 할 수 있어요. 또 투자금을 마련하기 위해서 사고 싶은 것, 먹고 싶은 것을 참고 돈을 모으는 것도 노력이에요. 여러분이 지금 이 책을 읽으면서 주식 투자에 대해 알려고 하는 것도 다 중요한 노력이지요.

2.

돈을 나타내는 말들은 왜 서로 다른가요?

투자 공부를 하다 보면 돈을 가리키는 표현이 많다는 것을 발견할 수 있어요. 틀림없이 돈인데, '돈'이라는 말 대신 다른 말로 표현하지요. 왜 그럴까요? 그 의미가 조금씩 다르기 때문이에요. 만약 여러분이 돈에 대한 표현을 조금 더 잘 알 수 있다면 주식 투자나 경제 용어를 훨씬 더 쉽게 이해할 수 있을 거예요.

돈과 관련된 낱말 중에는 먼저 '금(金)'이 있어요. '금'은 예전에 화폐의 역할을 했기 때문에 돈과 같은 의미로 자주 사용돼요. 투자금, 수익금, 이익금, 자본금, 잉여금처럼 낱말 맨 뒤에 붙여서 사용하지요. 투자금이 투자하는 데 필요한 돈을 가리키는 것처럼 '무슨 무슨 금'이라고 하면 그것을 하는 데 필요한 돈이나 어떤 것을 해서 얻어진 돈을 말해요.

돈을 가리키는 낱말 중에는 '자(資)'도 많이 사용되고 있어요. 그런데 '자(資)'가 들어가면 돈뿐만 아니라 돈을 포함한 모든 재산을 가리키는 경우가 많아요. 돈보다는 훨씬 더 넓은 의미로 사용되지요. 재산은 꼭 돈이 아니더라도 돈이 될 만한 모든 것을 말해요. 집이나 땅처럼 돈은 아니지만 가치가 있는 것은 모두 재산이 될 수 있어요. 집에 있는 텔레비전이나 여러분의 스마트폰도 다 돈이 될 수 있으니까 재산이라고 할 수 있지요. '자(資)'는 주로 낱말의 앞에 붙여서 사용해요. 자산(資産)이나 자본(資本)처럼요. 자산(資産)은 개인이나 기업이 가진 것 중 돈이 될 수 있는 모든 것을 말해요. 돈, 땅, 집, 보석, 물건, 주식뿐만 아니라 책이나 음악 같은 지식 재산권도 자산이에요. 어떤가요? '자(資)'로 표현하는 것이 실제 돈보다 훨씬 넓은 의미로 사용되고 있지요?

'금융(金融)'이라는 말도 많이 써요. 금융은 정확하게 말하면 돈이 아니라 돈을 다루는 일을 말해요. '금융기관'이라고 하면 돈을 다루는 일을 하는 곳을 말하지요. 예를 들면 은행, 증권회사, 보험회사 등 돈을 다루는 곳이 대표적인 금융기관이에요.

'요(料) 혹은 료'라는 말도 많이 사용해요. '요금'이라는 말을 들어 봤을 거예요. 이것은 낱말 앞이나 뒤에 붙여서, 사용한 대가로 내는 돈을 말해요. 요금, 수업료, 사용료, 이용료, 통화료처럼요.

돈과 관련된 말은 이 외에도 많아요. 평소에는 무심코 지나갔지만, 각 낱말이 가진 뜻이 이렇게 조금씩 다르니까 주의해서 들여다볼 필요가 있어요. 돈과 관련된 낱말들은 생활에서 자주 사용하니 그리 어렵지

않아요. 책을 읽거나 뉴스를 듣다가 이런 말이 나오면 돈이나 재산을
가리킨다는 걸 떠올려 보세요. 조금 더 쉽게 이해할 수 있을 거예요.

3.
이자는 뭐고,
어떻게 돈이 돈을 벌 수 있나요?

　　돈이 돈을 버는 것을 가장 쉽게 알 수 있는 곳이 바로 은행이에요. 여러분이 은행에 예금이나 적금을 하면 은행에서는 그 대가로 돈을 주는데 그것을 '이자'라고 해요. 이자는 여러분도 잘 알고 있듯이 돈을 맡기거나 빌린 사람에게 그 대가로 주는 돈을 말하지요. 이자는 돈이 돈을 버는 모습을 가장 잘 보여 주기 때문에, 이자의 원리를 알면 투자의 원리도 쉽게 이해할 수 있어요. 이자를 이해하기 위해 한 은행의 홈페이지를 찾아보았어요.

홈페이지를 살펴보니 여러 가지 적금 상품이 있네요. 먼저 '신한 알.쏠 적금'을 살펴볼게요. '신한 알.쏠 적금'의 이자율은 최고 연 2.60%라고 하네요. 이것은 1년에 이자로 2.60%를 준다는 뜻이에요. 이렇게 이자는 빌리거나 맡긴 돈을 뜻하는 원금과 기간, 비율로 나타내요. 그리고 이때의 비율을 '이자율, 이율, 금리'라고 하지요. 이자율은 1년을 기준으로 백분율인 퍼센트로 나타내요. 만약 '신한 알.쏠 적금'에 가입해서 매월 10만 원씩 1년 동안 120만 원을 저금했다면 31,200원의 이자를 받을 수 있어요.

$$1,200,000 \times 0.026 = 31,200$$

원금　　　이율　　　이자

이자를 주는 방식은 '단리'와 '복리' 두 가지가 있어요. 이자로 받는 돈에도 이자가 붙느냐 아니냐에 따라 나누어져요. 이자에 이자가 붙지 않으면 '단리'이고, 이자로 받은 돈에도 이자가 붙으면 '복리'예요. 당연히 복리의 수익이 더 많아요.

단리(單利) 이자 계산하기

먼저 단리 방식으로 이자를 계산해 볼게요. 단리는 원금에만 이자가 붙는 것을 말해요. 단리(單利)의 '단(單)'이 하나라는 뜻이기 때문에 '원금' 하나에만 이자가 붙는 방식이에요.

원금 100만 원을 은행에 맡겼을 때 연 4% 단리 방식으로 이자를 주는 상품에 가입했다고 가정해 볼게요. 이 경우 1년이 지나면 40,000원의 이자를 받아요. 2년째가 되어도 이자는 1년 전과 똑같이 40,000원이에요. 원금에 대해서만 이자를 주기 때문에 이자로 받는 돈은 변하지 않고, 매년 40,000원의 이자를 받게 되지요.

$$1,000,000 \times 0.04 = 40,000$$

원금　　이율　　이자

복리(複利) 이자 계산하기

복리는 단리와 달리 이자에도 이자가 붙는 것을 말해요. 복리(複利)의 '복(復)'이 2개라는 뜻이기 때문에 '원금과 이자' 2개에 이자가 붙은 방식이에요. 단리와 달리 이자로 받은 돈에도 이자가 붙기 때문에 단리보다 수익이 훨씬 커요. 단리에서와 똑같은 조건으로 얼마나 더 많은 수익이 나는지 알아볼게요.

원금 100만 원을 은행에 맡겼을 때 연 4% 복리 방식으로 이자를 주는 상품에 가입했다고 가정해 볼게요. 처음 1년은 단리랑 똑같이 원금 100만 원에 대한 이자 40,000원을 받아요. 그럼 이제 여러분의 돈은 104만 원이 되었어요. 2년째부터는 이 104만 원을 원금으로 보고 거기에 4%의 이자를 주는 거예요. 그다음 해인 3년째에는 2년째까지 모은 돈을 모두 합해 다시 원금으로 보고 또 4%의 이자를 주지요. 이런 식으로 계속돼요.

복리 효과

네이버의 복리계산기를 사용해서 같은 시간이 흘렀을 때 결과가 어떻게 달라지는지 계산해 보았어요. 단리와 복리의 이자 차이를 확인해 보세요. 참고로 세금은 계산하지 않았어요.

방식 \ 기간	1년	10년	20년	30년	40년	50년	60년
단리	1,040,000	1,400,000	1,800,000	2,200,000	2,600,000	3,000,000	3,400,000
복리	1,040,742	1,490,833	2,222,582	3,313,498	4,939,871	7,364,521	10,979,269

단리와 복리의 차이(원금 100만 원, 이자율 4% 같은 조건)

어떤가요? 60년이 지나면 같은 이율이라도 복리냐 단리냐에 따라 수익 차이가 무려 3배 정도나 되죠? 복리가 단리보다 돈을 많이 벌 수 있어서 '복리 효과'라고 부르기도 해요. 특히 복리 방식의 경우 20년이 지나면 이자만 1,222,582원으로 원금인 100만 원을 넘게 되는데, 이러면 원금에 대한 이자보다 이자에 대한 이자가 더 많아져요. 투자한 원금으로 벌어들이는 돈보다 이자로 벌어들이는 돈이 더 많아지면 본격적인 복리 효과가 발행하지요. 이때부터는 단리와 복리의 차이가 더 크게 벌어져요. 40년이 지나니 복리가 단리보다 거의 2배 더 많아졌네요.

복리 효과를 제대로 누리려면 많은 시간이 필요해요. 최소한 10년은 지나야 복리 효과를 체감할 수 있지요. 복리 효과를 보면 시간의 힘을 느낄 수 있어요. 투자도 마찬가지예요. 투자라는 게 당장 눈에 보이는 성과에 큰 차이가 없어 보일 수 있지만, 길게 보면 어마어마한 차이가 나지요. 이 복리 효과는 시간이 길면 길수록 더 크게 혜택을 누릴 수 있어서 10대인 학생 투자자에게 특히 유리해요. 여러분은 앞으로 60년, 70년을 투자할 수 있으니까요.

4.

투자수익과 이자수익은 뭐가 다른가요?

투자수익과 이자수익은 서로 달라요. 여러분이 투자수익과 이자수익의 다른 점에 대하여 알게 되면 주식 투자의 속성을 조금 더 쉽게 이해할 수 있을 거예요. 그럼 투자수익과 이자수익이 어떻게 다른지, 여러분이 좋아하는 치킨가게를 예로 들어서 설명해 볼게요.

이자수익　먼저 이자수익이에요. 이자수익은 돈을 빌려준 후 이자로 받는 돈을 말해요. 여러분의 친구가 '맛있다 치킨' 가게를 열었어요. 그런데 돈 100만 원이 필요해서 여러분에게 '빌려달라'고 하네요. 그래서 친구에게 100만 원을 빌려주고, 그에 대한 이자로 매년 4%를 받기로 약속했어요. 이제 친구는 여러분에게 매년 4만 원을 이자로 줄 거예요. 장사가 잘돼도 이자는 4만 원이고, 장사가 잘되지 않아서 적자가 나도 이자는 4만 원이에요. 심지어는 가게가 망해도 이자 4만 원은 주어야 해요. 장사가 잘되든 아니든 돈을 빌린 사람은 이자를 주어야 해요. 이처럼 이자수익은 약속한 이자율에 따라 일정한 금액을 받는 것을 말해요. 장사가 잘되든 아니든 상관없이 이자를 받을 수 있으니 돈을 빌려주는 사람은 매우 안정적이라고 할 수 있어요.

투자수익 그러나 투자수익은 달라요. 이번에도 역시 '맛있다 치킨'에서 돈 100만 원이 필요해졌어요. 그런데 이번에는 빌려달라는 것이 아니라 '맛있다 치킨'에 '투자하라'고 하네요. 고민 끝에 치킨가게 수익의 연 4%를 받기로 하고 투자를 결정했어요. 첫해에는 장사가 잘돼서 1,000만 원의 수익이 났어요. 그래서 수익의 4%인 40만 원을 받았지요. 그런데 그다음 해에는 장사가 잘되지 않아서 수익이 10만 원뿐이었어요. 그러면 4천 원을 받을 수 있지요. 만약 수익이 없다면 여러분은 돈을 받을 수 없어요. 최악의 경우 치킨가게가 망하면 여러분은 원금 100만 원도 돌려받지 못해요. 이처럼 투자는 치킨가게를 함께 운영하는 것이라고 할 수 있어요. 투자는 함께 가게를 운영한 후 수익도 함께 나누는 운명 공동체이지요.

자, 이제 생각해 보세요. 주식은 돈을 빌려주는 것일까요? 아니면 투자하는 것일까요? 맞아요. 주식은 기업에 투자하는 것이에요. 투자한 기업의 수익이 많으면 주가도 오르고 '배당금'이라는 이름으로 수익도 나누어요. 반면에 투자한 기업에 수익이 없으면 이익을 나누어 주지도 않고, 주식가격까지 떨어져 원금까지 손해 보게 되지요.

실제로 여러분의 친구가 치킨가게를 열기 위해 100만 원이 필요하다고 하면 여러분은 빌려주겠어요? 아니면 투자하겠어요? 아마도 이런 제안이 온다면 치킨가게의 미래를 보고 판단할 거예요. 치킨가게가 잘될 것 같다면 투자하고, 아니면 그냥 빌려주겠지요. 이때 미래에 얻게 될 가치를 '미래가치'라고 해요. 여러분이 치킨가게의 장사가 잘될 거 같아서 직접 투자하기로 했다면 치킨가게의 미래가치를 높게 본 거예요. 그러나 치킨가게가 잘되지 않을 것 같다고 판단했다면 치킨가게의 미래가치를 낮게 본 것이지요. 주식 투자도 마찬가지예요. 여러분이 주식을 산다는 것은 기업의 미래가치를 높게 보고, 그 기업에 투자하는 것이에요. 그래서 주식 투자를 할 때 무엇보다도 중요한 기준은 미래가치를 잘 판단하는 것이지요. 투자를 결정하는 가장 중요한 기준은 '미래가치와 성장성'이라는 점을 기억해 두세요.

위험자산과 안전자산은 뭐고, 어떻게 투자해야 하나요?

"주식, 절대 하면 안 된다!"

위험자산 누군가 이런 말을 하는 걸 들어 봤을 거예요. 어쩌면 주변에서 주식 하다가 망했다는 이야기를 들었을 수도 있어요. 이 말을 직접적으로 들었다면 아마도 여러분을 위해서 그랬을 거예요. 여러분도 잘 아는 것처럼 주식은 항상 오르기만 하는 게 아니고, 내리기도 해요. 심지어 어떤 기업은 '상장폐지'라고 해서 주식시장에서 쫓겨나기도 하지요. 이런 주식에 투자했다면 큰 손해를 볼 거예요. 이처럼 주식은 원금과 이자를 보장하지 않고, 잘못되면 손해도 볼 수 있어서 '위험자산'이라고 불러요.

위험자산은 대부분 미래가치에 투자하는 상품이 많아요. 문제는 아무도 미래를 정확하게 예측할 수는 없다는 거예요. 내가 투자한 기업이 예상보다 훨씬 더 성장했다면 많은 수익을 보겠지만, 반면에 기대 이하의 실적을 냈다면 큰 손해를 볼 수도 있으니까요. 그래서 주식을 '하이 리스크 하이 리턴(high risk high return)'이라고들 하지요. 주식 투자는 위험이 많은 대신 수익도 많다는 뜻이에요.

안전자산　주식과 달리 은행에 저금하면 원금과 이자를 보장해요. 그래서 매우 안전하지요. 이렇게 원금과 이자를 보장해 주는 것을 '안전자산'이라고 해요. 은행의 예금과 적금이 대표적이에요. 예금이나 적금은 이자율이 확정되어 있어요. 심지어는 은행이 망해도 5,000만 원까지의 원금과 이자를 국가에서 보장해요. 안전자산의 특징은 미래의 수익이 확정되어 있어서 매우 안정적이라는 것이지요. 그런데 안전자산은 위험자산과 달리 수익이 적어요.

안전자산의 장점이 위험자산의 단점이 되고, 위험자산의 장점이 안전자산의 단점이 되지요. 안전하면서 수익도 많으면 얼마나 좋을까요? 하지만 세상에 그런 것은 없는 것 같아요. 그래서 투자하는 사람은 수익이 적지만 안전한 안전자산, 위험하지만 수익이 많을 수도 있는 위험자산 중에서 선택해야 하지요. 여러분은 어떻게 해야 할까요? 수익은 적지만 안전한 은행에 맡겨야 할까요? 아니면 위험 부담은 있지만 잘되면 수익이 클 주식에 투자해야 할까요? 은행에 넣자니 수익이 적고, 주식에 투자하자니 위험이 크니 고민이 될 거예요.

이 문제에 대한 해답은 의외로 간단해요. 많은 전문가가 자산을 위험자산과 안전자산으로 분산하라고 조언하지요. 일부는 수익이 높은 위험자산에 투자하고, 또 나머지 일부는 안전자산인 은행에 맡기라고 말이에요. 이렇게 나누어 놓으면 혹시 주식이 잘못되어서 손실을 보더라도 은행 적금은 안전하니까 비교적 손실을 적게 볼 수 있어요. 치킨에도 양념 반 프라이드 반이 있는 것처럼 자산도 위험자산과 안전자산으로 적당히 나누어 투자하라는 거예요. 그렇다고 정말로 딱 절반으로 나누어 투자하면 안 돼요. 내 환경이나 성향에 따라 배분 비율이 조금씩 달라야 해요. 보통은 나이가 어릴수록 위험자산의 비중을 늘리고, 나이가 많을수록 안전자산의 비중을 늘리라고들 하지요. 아, '비중'이 뭐냐고요? 다른 것과 비교해 차지하고 있는 정도가 얼마만큼인가를 말해요.

구체적으로 어느 정도의 비율로 해야 좋을까요? 가장 많이 알려진 방법은 100에서 자신의 나이를 뺀 만큼을 위험자산으로 두는 것이에요. 예를 들어 10대라면 100-10=90이니까, 자산의 90%는 위험자산에, 나머지 10%는 안전자산에 투자하라는 뜻이지요. 만약 10대인 여러분의 자산이 100만 원이라면 90만 원은 위험자산에, 10만 원은 안전자산에 투자하면 되겠네요.

어릴 때 위험자산에 더 많이 투자하라고 하는 이유는 나이가 어린 투자자일수록 앞으로 남은 시간이 많아서 그래요. 혹시 손실이 발생하더라도 회복할 시간이 충분하니 조금 더 공격적으로 투자해도 되지요. 나이가 많을수록 안전자산의 비중을 높이라고 하는 것도 같은 이유예요. 손실이 나면 회복할 시간이 없으니 많은 수익보다는 안정적인 수익으로 돈을 잃지 말고 지키라는 뜻이지요. 극단적으로 보면 이해하기 쉬워요. 10대인 여러분이 위험자산에 투자하여 전 재산을 날린 것과 50대 중년 아저씨인 제가 전 재산을 날린 것 중 누가 더 큰 타격을 입고 회복 불능이 될까요? 당연히 저일 거예요. 50대에 전 재산을 날리면 회복이 거의 불가능할 테니까요. 하지만 10대인 여러분은 금방 다시 일어날 수 있을 거예요. 여러분처럼 어린 나이에 벌써부터 이 책을 보고 있다니 여러분의 미래가 기대도 되고, 부럽기도 하네요.

6.
주식 투자는 어릴 때가
더 유리하다고 하던데, 왜 그런가요?

"주식 투자는 어려서부터 하는 게 좋지!"

이런 말을 들어 봤을 거예요. 주식 투자를 어릴 때부터 시작하라는 말은 어려서 투자하는 것이 어른보다 훨씬 더 유리한 조건을 가지고 있다는 뜻이기도 해요. 어린 사람이 가지고 있는 가장 유리한 조건은 무엇일까요?

여러 가지가 있겠지만, 아마도 가장 큰 차이점은 시간일 거예요. 여러분은 어른보다 훨씬 젊으니 그만큼 투자할 시간도 길지요. 지금부터 투자한다면 짧게는 40년, 길게는 70년도 더 할 수 있어요. 어른에 비하면 정말 어마어마하게 유리한 조건이라고 할 수 있어요. 투자에서 제일 중요한 것이 뭐냐고 물어보면, 돈(투자금)이라고 말하는 사람이 가끔 있어요. 물론 맞는 말이에요. 투자금이 많으면 많을수록 좋겠지요. 그러나 돈도 시간에는 상대가 되지 않아요. 시간은 돈으로도 살 수가 없으니까요. 시간은 인간이 아무리 노력해도 어떻게 할 수 없는 절대적인 조건이에요. 여러분은 시간이라는 가장 든든하지만, 가장 만나기 어려운 지원군을 가지고 있는 셈이지요. 투자 기간이 길면 뭐가 유리한지 궁금하죠? 이제 알아보기로 해요.

시간이 많으면 유리한 점

먼저 복리 효과를 극대화할 수 있어요. 복리 효과는 은행 적금에만 적용된다고 생각할 수 있지만, 알고 보면 주식도 마찬가지예요. 어쩌면 주식에서 더 활발하게 일어날 수도 있어요.

여러분이 주식을 100만 원에 샀다고 가정할게요. 여러분이 산 주식이 첫째 날에 10% 올랐어요. 여러분의 수익은 100만 원의 10%인 10만 원이에요. 이제 여러분의 자산은 100만 원이 아니라 110만 원이 된 거예요. 그런데 이게 웬일일까요? 그다음 날 운이 좋아서 또 10%가 올랐어요. 같은 10%이지만 오늘 오른 10%는 100만 원이 아니라, 110만 원의 10%라서 수익은 11만 원이에요. 원금과 수익을 합하면 121만 원이 되지요. 만약 내일 또 10%가 오른다면 이제는 121만 원의 10%가 수익이 되는 거지요.

원금	수익률 10%	합계
1,000,000	100,000	1,100,000
1,100,000	110,000	1,210,000
1,210,000	121,000	1,331,000

.

.

.

이처럼 주식은 원금에 수익을 더하고, 그 수익에 다시 수익이 붙으면서 복리 효과가 일어나요. 마치 이자에 이자가 붙고, 그 이자에 다시 이자가 붙으면서 커지는 것처럼요. 복리 효과는 앞에서 알아본 것처럼 시간이 길면 길수록 유리해요. 짧은 시간이라면 별 차이가 없지만, 시간이 지날수록 훨씬 더 큰 차이가 생기지요. 그래서 많은 시간을 가진 여러분이 훨씬 더 주식 투자에 유리하다고 할 수 있어요. 복리 효과는 투자 기간이 길면 길수록 정말 눈덩이처럼 커지거든요. 그래서 영어로 '스노우볼 효과(Snowball effect)'라고 부르기도 해요.

이게 다가 아니에요. 좋은 주식을 선택해서 오래 가지고 있으면 주가는 꾸준히 상승한다는 장점도 있어요. 주식가격(주가)이 일시적으로 오르내릴 수 있지만, 결국 길게 보면 꾸준히 오른다는 것을 역사가 증명하고 있어요. 세계에서 가장 발달한 주식시장인 미국이 그렇고, 우리나라 주식시장도 마찬가지예요.

　　멀리서 찾을 것 없이 우리나라를 대표하는 삼성전자의 주가 흐름을 살펴보기로 해요. 중간중간 내리기도 하지만 결국은 계속 오르고 있는 게 보일 거예요. 과거로 돌아가 오랫동안 삼성전자 주식에 투자했다면 얼마나 많은 수익을 올렸을지 확인해 볼게요. 참고로 이것은 액면분할 후의 주가 기준이에요.

2021년 → 70,000원

10년 전으로 돌아갈게요.

2011년 → 15,000원

다시 10년 전으로 돌아갈게요.

2001년 → 2,200원

다시 또 10년 전으로 돌아갈게요.

1991년 → 830원

다시 10년 전으로 돌아갈게요.

1981년 → 240원

240원이었던 주식이 7만 원이 되었어요. 만약 제가 여러분 나이 또래인 40년 전으로 돌아가 딱 100만 원만 삼성전자에 투자했다면 지금쯤 얼마가 됐을까요? 40년 전인 1981년 삼성전자 주식은 주당 240원이었으니까 100만 원이면 4,200주 정도를 살 수 있었을 거예요. 지금은 주당 7만 원이니까 무려 294,000,000원이네요.

1981년   40년이라는 시간   현재

100만 원   →   2억9천4백만 원

정말 시간의 마술이 엄청나지요? 그런데 여기서 하나 더 생각해 볼 게 있어요. 이렇게 많은 수익을 낼 수 있었던 이유는, 삼성전자라는 꾸준히 성장하는 기업의 주식을 선택했기 때문이라는 거예요. 40여 년 동

안 우리나라에서 사라진 기업도 많아요. 만약 이런 기업을 선택했다면 아무리 시간을 들여도 수익은커녕 손해만 볼 수도 있어요. 그래서 긴 시간 동안 투자하려면 꾸준히 성장할 수 있는 좋은 기업을 고르기 위한 노력이 필요하지요.

기업의 주가가 결국은 오르게 된다는 것은 기업의 속성과 관련이 있어요. 기업은 기본적으로 발전하려고 해요. 더 많은 돈을 벌기 위해 새로운 사업에 뛰어들고, 더 많이 발전하려고 노력하지요. 망하고 싶은 기업은 아마 없을 거예요. 그런 면에서 기업과 여러분은 많이 닮았어요. 여러분도 성장을 위해 노력하면서 꾸준히 발전해 나가니까요.

좋은 기업은 결국 꾸준히 성장하기 때문에, 이런 기업을 선택해서 시간을 가지고 꾸준히 투자한다면 많은 수익을 낼 수 있다고 하는 거예요. 단, 조건이 있어요. 여러분이 금방 어른이 될 수 없는 것처럼 주식도 금방 오르지는 않아요. 그래서 오래 기다려야 하지요. 투자의 열매를 얻기 위해서는 조급함을 버리고 길게 바라볼 수 있어야 해요. 시간으로 이루어지는 성취는 급하게 이루어지지 않고, 대부분 천천히 아주 천천히 이루어진다는 사실을 잊지 마세요.

: 2부 :

주식(Stock),
부자가 되는 베이스캠프

I.

주식의 탄생

　'주식'이라는 말을 하도 많이 들어서 익숙하긴 한데, 정작 뭐냐고 물어보면 대답하기 어려운 것 같아요. 주식 투자를 하려면 주식이 무엇인지 아는 게 중요해요. 우리의 소중한 돈을 투자하는데 뭔지는 알고 해야 하니까요. 주식이 무엇인지 이해하기 위해 가상으로 흥부네 아들 이야기를 만들어 보았어요. 가상이니까 진짜로 믿지는 마세요.

　흥부에게는 다섯 명의 아들이 있었어요. 그중에 첫째 아들은 말과 수레로 짐을 옮겨주는 일을 했어요. 이렇게 물건이나 짐을 옮겨주는 사업을 '운송업'이라고 해요. 흥부의 첫째 아들은 부지런히 일했어요. 그러자 여기저기서 많은 사람이 짐을 옮겨 달라고 했지요. 첫째 아들의 운송업은 날로 번창했어요. 일이 많아지자 첫째 아들은 회사를 만들어 사업을 더 키우기로 했어요. 그러자니 말도 더 사고, 마차도 더 필요했어요. 첫째가 정리해 보니 회사를 만드는 데 1,000만 원이 필요한데 수중에 400만 원밖에 없는 거예요. 고민하던 첫째는 네 명의 동생들에게 회사 설립에 투자하는 게 어떻겠냐고 제안했어요. 다섯째는 안 한다고 해서, 결국 막내를 뺀 나머지 네 명이 다음과 같이 투자했지요.

첫째, 400만 원

둘째, 300만 원

셋째, 200만 원

넷째, 100만 원

다섯째, 0원

첫째 아들은 이렇게 해서 1,000만 원을 모았어요. 이렇게 회사를 처음 만들 때 필요한 돈을 '자본금'이라고 해요. 1,000만 원의 자본금을 마련한 첫째 아들은 '흥부네 빠른 운송'이라는 회사를 만들었어요. 여기서 잠깐! 문제를 하나 낼게요. 이렇게 만들어진 '흥부네 빠른 운송'은 누구의 것일까요?

네, 맞아요. 네 사람 모두의 것이지요. 그런데 그냥 네 사람 모두의 것이라고 하면 조금 억울한 사람이 있을 것 같아요. 누가 제일 억울할까요? 아마 첫째가 제일 억울할 거예요. 첫째는 돈을 제일 많이 냈으니까요. 회사를 만들기 위해 투자한 돈이 서로 다른데, 모든 투자자에게 똑같은 권리를 주면 안 되겠지요? 그래서 투자한 금액에 따라 얼마를 투자했는지 확인할 수 있는 증서를 만들었어요. 일단 '흥부네 빠른 운송' 회사에 투자했다는 증서 1,000장을 만들기로 했어요.

이 투자 증서를 어떻게 나누면 좋을까요? 당연히 투자한 금액만큼 나누면 돼요. 그래서 첫째는 400장, 둘째는 300장, 셋째는 200장, 넷째는 100장을 나누어 가졌어요. 이렇게 회사가 자금을 조달하기 위해 투자자한테 돈을 받은 후 기업의 소유권을 증명하기 위해 발행하는 증서를 '주식'이라고 해요. 또 이렇게 주식을 발행해서 소유주가 여러 명인 회사를 '주식회사'라고 불러요. 우리가 잘 알고 있는 '삼성전자 주식회사'처럼 말이지요. '흥부네 빠른 운송'도 이제는 '㈜흥부네 빠른 운송' 혹은 '흥부네 빠른 운송 주식회사'가 되는 거예요.

기업의 소유권은 주식을 가진 수만큼 차등을 주어요. 첫째는 400주만큼, 넷째는 100주만큼 회사의 주인이 되는 거지요. 만약 여러분이 어떤 기업의 주식을 1주 가지고 있다면, 여러분은 주식 1주만큼만 그 회사의 주인이 되는 거예요. 이렇게 주식을 가진 사람을 주식의 주인이라는 뜻으로 '주주'라고 해요. '흥부네 빠른 운송 주식회사'의 주주는 넷째까지예요. 다섯째는 주주가 아니에요. 주식이 하나도 없으니까요.

'㈜흥부네 빠른 운송'처럼 주식을 처음 발행할 때 주식의 가격을 정해서 증서에 쓰는데, 이를 '액면가'라고 해요. 액면가는 말 그대로 주식 표'면'에 쓰는 금'액'이라는 뜻이에요. 액면가는 주주들이 모여서 하는 주주총회라는 회의를 통해 정해요. 우리나라는 주식의 액면가를 100원, 500원, 1000원, 2500원, 5000원 중에서 하나로 정해요. 액면가는 처음 정해진 주식의 가격이기 때문에 기본적인 가격이라고 할 수 있어요.

그런데 액면가가 100원이라고 해서 그 주식의 실제 가격이 100원이라는 뜻은 아니에요. 액면가는 처음에 주식에 표시하는 가격일 뿐이에요. 주식은 돈도 문화상품권도 아니기 때문에 액면가가 주식의 가격을 말해 주는 것은 아니에요. 주식은 회사의 주인을 나타내는 증서일 뿐이에요. 액면가는 100원이라도 이 기업이 열심히 일해서 이윤을 많이 낸다면 이 회사의 가치는 높아질 거예요. 회사의 가치가 높아지면 회사의 소유 증서인 주식은 회사의 가치가 높아진 만큼 가격이 올라가겠지요. 반면에 회사가 이윤을 못 낸다면 그 회사의 가치가 떨어져요. 그러면 소유권을 나타내는 주식의 가치도 떨어지게 되는 거예요. 따라서 주식의 액면가는 주식의 가격과는 상관이 없어요.

참고로 증권은 주식보다 훨씬 더 큰 의미예요. 증권은 모든 금융상품의 증서를 말해요. 보험에 가입하면 보험에 가입했다는 증서가 있는데, 이것도 증권이기 때문에 '보험증권'이라고 불러요. 주식도 주식을 가지고 있다는 증서이기 때문에 증권의 한 종류이지요.

2.

기업공개와 주식 상장

　그러면 우리는 '㈜흥부네 빠른 운송' 주식을 바로 살 수 있을까요? 주식을 발행했다고 해서 그 주식을 바로 살 수는 없어요. 주식을 정식으로 시장에서 사고팔려면 '한국거래소'라는 곳에 정식으로 등록해야 해요. 이렇게 주식을 주식시장에서 사고팔 수 있도록 등록하는 것을 '상장한다'라고 해요. 그리고 이렇게 상장된 주식을 '상장 주식'이라고 하고, 상장한 회사를 '상장회사'라고 해요. '상장(上場)'은 말 그대로 시장(場)에 이름을 올린다(上)는 뜻이에요. 반대로 주식시장에 올리지 않은 주식을 상장이 '아니다(비, 非)'라는 뜻으로 '비상장 주식'이라고 해요. '㈜흥부네 빠른 운송'은 한국거래소에 상장하지는 않았기 때문에 비상장 주식이에요. 비상장 주식은 주식시장에서 거래할 수 없어요.

기업이 주식시장에 상장하려면 '기업공개'라는 과정을 거쳐야 해요. 영어로는 IPO(Initial Public Offering)라고 해요. 신문이나 뉴스에서는 '기업공개'라는 말보다 영어인 IPO라는 말을 더 많이 써요. 뉴스에서 '카카오게임즈가 IPO를 한다'라고 하면 카카오게임즈가 기업을 공개하고 상장 절차를 밟아 주식시장에서 주식을 사고팔 수 있도록 상장한다는 뜻이에요. 기업공개는 주식을 사고팔 수 있도록 기업의 경영상태를 외부 사람들에게 공개하면서 새로운 주식을 발행하는 것을 말해요. 주식시장에 등록하고 싶은 기업은 복잡한 과정을 밟고 심사를 통과한 후에야 비로소 기업공개(IPO)를 시행할 수 있어요.

그럼 기업은 왜 기업공개를 통해 상장하려고 할까요? 이번에도 '㈜흥부네 빠른 운송'을 통해 이유를 알아볼게요.

㈜흥부네 빠른 운송은 모두가 부러워할 정도로 회사 운영이 잘됐어요. 많은 사람이 운송을 맡겼지요. ㈜흥부네 빠른 운송은 이러한 인기를 바탕으로 더 크게 성장하고 싶었어요. 그래서 더 과감하게 투자해 말도 더 사고, 마차도 더 사기로 했어요. 물건을 보관하기 위한 땅과 건물도 더 사야 했지요. 그런데 자금이 부족하네요. 흥부의 첫째 아들은 자금을 끌어모으기 위해 다른 사람들에게 기업을 공개하고, 주식을 더 발행하기로 했어요. 기업공개(IPO)를 하는 것이지요.

기업공개를 하기 위해 첫째 아들은 투자계획서를 만들어야 했어요. 또 그동안의 경영상태도 공개해야 했지요. 많은 사람이 투자에 참여할 수 있도록 앞으로의 발전 가능성에 대해서도 적극적으로 홍보해야 했어요. 이러한 과정이 성공적으로 이루어지면 한국거래소에서 기업공개를 할 수 있는 자격을 줘요. 모든 과정을 통과한 ㈜흥부네 빠른 운송도 투자할 사람을 공개적으로 모집하고, 주식을 발행할 수 있는 자격을 얻었지요.

이제 ㈜흥부네 빠른 운송은 새로 발행하는 주식을 살 투자자를 공개적으로 모집했어요. 이렇게 공개적으로 투자자를 모집하는 주식을 '공모주'라고 해요. 사람들이 ㈜흥부네 빠른 운송의 사업계획서를 보고 발전 가능성이 있다고 판단하면, ㈜흥부네 빠른 운송의 주식을 사겠다고 신청할 거예요. 이렇게 공모주를 사겠다고 신청하는 것을 '공모주 청약'이라고 해요. 공모주 청약이 끝나면 회사는 청약한 사람들에게 투자금을 받고 주식을 나누어 주어요. 이러한 과정이 모두 끝나면 이제부터는 정식으로 주식시장에서 거래할 수 있게 되는 거예요.

주식시장에서는 많은 기업이 기업공개를 해요. 최근 기업공개를 통해 상장한 기업으로는 여러분이 잘 알고 있는 카카오게임즈, 카카오뱅크, 크래프톤 등이 있어요. 요즘 많은 사람이 즐기는 '로블록스'도 미국 시장에 신규로 상장한 기업이에요.

사실 기업공개 절차는 위에서 설명한 것보다 훨씬 더 복잡하고 힘든 과정을 거쳐요. 한국거래소에서 요구하는 것도 많고 심사 절차도 복잡하지요. 그런데도 왜 많은 기업이 기업공개를 할까요?

기업이 기업공개를 하는 이유는 대규모의 투자금을 끌어모으기 위해서예요. 기업은 기업공개를 하면서 새로운 주식을 대규모로 발행해요. 이렇게 발행한 주식을 시장에 팔 수 있으니 손쉽게 자금을 조달할 수 있지요. 방탄소년단 소속사로 잘 알려진 '빅히트'(지금은 '하이브'로 이름이 바뀌었음)도 마찬가지였어요. 방탄소년단이 인기를 끌자 회사는 더 많은 자금을 끌어들여 세계적인 그룹으로 발전하고 싶어 했지요. 이렇게 기업공개를 하면 회사는 대규모 자금을 조달할 수 있고, 일반 투자자는 발전 가능성이 있는 회사에 정식으로 투자할 수 있으니까 모두에게 좋아요.

기업공개에는 엄격한 규정이 있어요. 아무 기업이나 할 수 있는 것이 아니에요. 기업공개를 하고 싶은 기업은 이 엄격한 규정을 다 통과해야 하지요. 그래서 기업공개를 한다는 것은 그만큼 회사의 경영상태가 튼튼하고, 발전 가능성이 있다는 걸 공개적으로 인정받는 것과 같아요. 기업을 공개하는 과정에서 자연스럽게 기업을 홍보할 수도 있지요. 하이브가 기업공개를 할 때 많은 사람이 관심을 보인 걸 보면 홍보 효과도 만만치 않아요.

다시 정리해 볼게요. 기업공개(IPO)를 통해 기업은 많은 투자금을 끌어모으는 동시에 홍보를 할 수 있고, 믿을 수 있는 회사라는 것을 공개적으로 인정받는다는 장점이 있어요. 개인은 좋은 기업에 직접적으로 투자할 기회가 생기지요.

3.

주주의 권리

　주주가 되면 주주로서 누리는 권리가 있어요. 지금부터는 주주가 되었을 때의 좋은 점, 즉 주주의 권리에 대하여 알아볼게요.

　주주로서 누리는 첫 번째 권리는 주주총회에 참석해서 의결권을 행사할 수 있다는 것이에요. 주주총회는 회사의 중요한 사안을 결정하기 위해 주주들의 의견을 듣는 회의를 말해요. 의결권은 회사의 중요한 사항을 투표로 결정할 때 투표할 수 있는 권리를 말해요. 주주총회에서 뭔가를 결정해야 할 때 주주들 간에 서로 의견이 맞지 않으면 투표로 결정해요. 그런데 주주총회의 투표는 일반적인 투표와는 달라요. 일반적인 투표는 1인 1표로 한 사람이 한 표를 행사하지만 주주총회의 투표는 주식을 보유한 숫자에 비례해요. 주식 100주를 가지고 있는 사람이라면 100표, 1주를 가지고 있는 사람이라면 1표의 투표권이 있다고 할 수 있어요. 주식 수에 따라 투표권이 달라지니 주식을 얼마나 많이 가지고 있느냐가 정말 중요해요.

주식을 얼마나 많이 가지고 있느냐에 따라 주주의 이름을 다르게 불러요. 주식을 많이 가지고 있는 사람을 '대주주'라고 하고, 그중에서도 가장 많이 가지고 있는 사람을 '최대주주'라고 해요. 반대로 주식을 조금만 가지고 있는 사람을 '소액주주'라고 해요. ㈜흥부네 빠른 운송에서는 첫째 아들이 바로 최대주주예요. 이렇게 어떤 회사의 전체 주식 중 내가 가지고 있는 것이 어느 정도인지를 나타내는 것을 '지분율'이라고 해요. 지분율은 회사의 소유관계를 나타내는 것으로 매우 중요해요. 주주총회 의결권에서 알 수 있듯이 주식을 많이 가지고 있으면 그만큼 회사에서 행사할 수 있는 권리가 많기 때문이지요.

소액주주는 지분율이나 주주의 권리가 실감 나지 않지만, 대주주는 지분율이 정말 중요해요. 회사를 실질적으로 지배할 수 있는 것이 바로 이 지분율이니까요. 주식 지분율이 높은 사람이 가진 주식을 다른 사람에게 팔면 회사의 실질적인 주인이 바뀌기도 해요. 반대로 주식을 많이 사서 지분율을 최고로 높이면 최대주주가 되지요. 그러면 그 회사의 실질적인 주인이 되어 회사를 경영할 수도 있어요. 드라마나 영화 등을 보면 회사 경영권을 가지고 싸우기도 하잖아요? 참고로 서로 경영권을 갖기 위해 분쟁이 일어나면 일반적으로 주가는 올라요. 서로 최대주주가 되기 위해 주식을 계속 사들이는 경쟁을 하기 때문이지요.

다음으로 주주가 되면 좋은 점은 기업이 성장하면 주식의 가치도 높아진다는 점이에요. 사실 여러분은 대부분 소액주주이기 때문에 주주의 권리가 실감 나지 않을 거예요. 주주총회에 참석할 일도 없고, 경영권 분쟁을 일으키기도 어려우니까요. 그렇지만 주식의 가치가 올라가는 것은 바로 실감할 수 있어요. 주식의 가치가 올라가면 자연스럽게 주식의 가격인 주가도 올라가서 여러분에게 직접적인 이익을 주기 때문이지요. 주주가 된다는 것은 그 기업의 소유주가 되는 것으로, 기업의 성장과 함께한다고 볼 수 있어요. 내가 소유한 기업의 가치가 올라가면, 그 기업의 주식 가치도 올라가게 되지요. 그러면 자연스럽게 주가도 올라가고, 내 재산도 늘어날 거예요. 이 모두가 주식을 가지고 있어서 가능한 일이에요.

마지막으로 주주가 되면 배당금을 받을 수 있어요. '배당금'은 기업이 벌어들인 돈을 주주에게 돌려주는 것을 말해요. 기업은 생산활동을 해서 돈을 버는데 이 돈을 '수익'이라고 해요. 그런데 기업이 생산활동을 하려면 재료를 사거나 인건비 등의 돈이 필요해요. 이렇게 기업이 벌어들인 수익에서 경영활동을 위해 지출한 금액을 뺀 수익을 '순이익'이라고 하지요. 순이익은 기업이 벌어들인 순수한 이익이라고 할 수 있어요. 기업은 이 순이익을 회사의 주인인 주주에게 나누어 주어요. 이것이 '배당금'이에요. 배당금은 주식을 가지고 있는 수만큼 나누어 주어요. 단, 모든 기업이 배당금을 주는 것은 아니에요. 기업에 이익이 있고, 주주에게 돌려줄 수 있는 기업에서만 배당금을 주어요. 순이익이 있어도 배당하지 않는 기업도 많아요. 그래서 배당금을 받고 싶다면 투자 전에 그 기업이 배당하는지 안 하는지를 알아봐야 해요. 배당주에 대해서는 4부에서 조금 더 자세히 살펴볼게요.

4.
관리종목과 상장폐지

　주식 투자의 좋은 점이 있으면, 안 좋은 점도 있겠지요? 이번에는 주식 투자의 위험성에 대해서 알아볼게요.

　주식시장에 상장한 기업은 주식을 발행해서 투자금을 유치했기 때문에 의무적으로 평가를 받아야 해요. 우리가 수행평가를 보고 중간고사, 기말고사를 보는 것처럼 기업도 시험 비슷한 것을 치르는 거죠. 상장한 기업은 의무적으로 기업의 실적이 담긴 '사업실적보고서'라는 것을 한국증권거래소에 제출해야 해요. 거래소는 기업이 제출한 보고서를 보고 일정한 기준에 미달하면 여러 가지 경고를 하지요.

　거래소가 주는 첫 번째 경고는 '관리종목 지정'이에요. 축구로 말하면 옐로카드 같은 거예요. 관리종목 지정은 회사의 실적이 좋지 않거나, 경영진이 기업의 돈을 빼돌렸다거나, 기업이 돈을 써야 할 곳에 쓰지 않고 엉뚱한 곳에 써서 회사에 손해를 끼치거나, 제대로 된 감사보고서를 내지 않았을 때 받게 돼요. 거래소에서 관리종목을 지정하는 이유는 투자자에게는 이 기업에 투자하면 손실을 볼 수 있다는 위험성을 알리고, 기업에는 경영활동을 제대로 하지 않은 것에 대해 경고하는 것이지요. 관리종목으로 지정되면 일정 기간 주식을 사고팔 수 없도록 거래가 정지돼요.

또한 거래소는 잘못된 것을 바로잡으라는 개선명령을 내려요. 이때, 개선명령을 받은 기업이 관리종목 지정 사유를 해결하면 거래소는 관리종목을 해제하고, 관리종목에서 해제된 주식은 다시 정상적으로 거래할 수 있어요. 그런데 어떤 기업이 관리종목으로 지정된 후에도 계속 경영이 부실하거나 거래소의 요구 사항을 개선하지 못하면 거래소는 '상장적격성 실질심사'라는 것을 통해 '상장폐지'를 결정해요. 상장폐지는 말 그대로 주식시장에서 쫓아내는 걸 말해요. 관리종목이 옐로카드라면, 상장폐지는 레드카드인 셈이에요. 상장폐지가 되면 주식시장에서 거래할 수 없으니, 이 기업의 주식은 말 그대로 종잇조각이 되는 것이죠. 상장폐지된 기업에 투자한 주주는 막대한 손해를 보게 돼요.

이런 이유로 투자자는 자신이 투자한 종목이 관리종목에 편입되지는 않는지 잘 살펴보아야 해요. 뉴스에도 귀를 기울이고, 다음에 알아볼 전자공시도 살펴보면서 기업의 경영상태를 항상 확인할 필요가 있어요. 특히 기업의 실적을 확인해야 하지요. 기업의 실적은 주주에게 보여 줄 수 있는 성적표 같은 거예요. 기업의 실적이 좋으면 관리종목에 편입될 가능성이 거의 없지요. 학생 투자자는 무엇보다도 실적이 좋은 기업에 투자해야 해요.

단, 정확히 알고 넘어가야 할 것이 하나 있어요. 주식이 상장폐지가 되었다고 해서 기업이 없어지는 것은 아니에요. 기업은 그대로 있지만, 그 기업의 주식을 거래하지는 못하게 되는 것일 뿐이에요.

5.

코스피 vs 코스닥

물건을 사고파는 곳을 '시장'이라고 불러요. 주식도 물건처럼 사고 팔기 때문에 주식을 거래하는 곳을 '주식시장'이라고 불러요. 실제 물건을 사고파는 곳은 백화점, 대형마트, 편의점, 전통시장 등 많지만, 주식을 사고파는 우리나라의 주식시장은 딱 두 곳뿐이에요. 바로 코스피 시장과 코스닥 시장이지요. 간단하게 줄여서 '코스피와 코스닥'이라고 불러요. 아마 여러분도 뉴스에서 많이 들어 봤을 거예요. 이 두 곳이 어떻게 다른지 알아보기 위해 우리에게 친숙한 백화점과 전통시장을 예로 들어 설명해 볼게요.

코스피   먼저 코스피 시장이에요. 코스피는 백화점과 같아요. 백화점은 고급 상품 위주로 판매하잖아요. 만약 여러분이 백화점에 들어가서 장사하려면 그만큼 가겟세도 많이 내야 할 거예요. 그리고 아무나 백화점에서 물건을 팔 수 있는 것도 아닐 거예요. 백화점에서 요구하는 많은 조건과 까다로운 심사를 통과해야 하겠지요. 그래서 백화점에는 유명한 브랜드나 규모가 큰 기업들이 입점해서 물건을 팔아요.

코스피는 마치 백화점과 같은 주식시장이에요. 주로 대기업 위주로 구성되어 있어요. 여러분도 잘 아는 삼성전자, 현대차, LG전자, 네이버, 카카오처럼 우리나라를 대표하는 기업들이 코스피에 있지요. 코스피 시장에 상장하기 위한 심사 규정도 코스닥보다 까다로워요. 코스피 시장의 정식명칭은 '유가증권시장(KOSPI Market)'이에요. 코스피는 우리나라의 대표적인 증권시장으로, 비교적 안정적이라고 할 수 있어요. 대기업이 많아서 성숙한 어른 같은 느낌의 시장이지요. 성장 중이라기보다는 이미 성장한 기업이 많아서 변동이 크지 않아요. 그래서 코스피 시장에 상장한 주식은 단기간에 높은 수익률을 기대하기가 쉽지 않지요.

코스닥 반면에 코스닥은 전통시장이라고 할 수 있어요. 전통시장은 백화점보다 싼 물건을 팔아요. 백화점보다는 덜 알려져 있고, 전통시장에서 장사하기 위해 내는 가겟세도 백화점보다는 훨씬 쌀 거예요. 그러니 돈이 많지 않거나 장사를 처음 시작하려는 사람이라면 백화점보다 전통시장이 훨씬 더 유리하지요. 그래서 코스닥 시장은 비교적 규모가 작은 중소기업들로 구성되어 있어요. 기술력과 성장성은 뛰어나지만, 아직은 규모가 작아서 투자금을 마련하기가 어려운 기업들을 위해 만들어진 시장이지요. 코스피에 비하면 상장 자격이 까다롭지 않아서 작은 기업도 쉽게 상장해 투자금을 조달할 수 있어요. 주로 컴퓨터, 인터넷 같은 정보통신 기업이나 생명과학, 바이오 같은 새로운 산업과 벤처기업들이 많아요. 코스닥은 젊은 시장이라고 할 수 있지요.

코스닥 시장의 장점은 미래의 성장성이나 잠재력이 매우 커서 수익률이 높을 수도 있다는 것이에요. 반면에 주가의 변동이 심하고, 우리가 잘 알지 못하는 기업도 많아서 코스피보다 위험성이 크다고 할 수 있어요. 만약 코스닥에 투자하려면 변동성과 위험성에 유의해야 해요.

그러면 이런 주식을 사려면 어디로 가야 할까요? 코스피 시장과 코스닥 시장으로 직접 가야 할까요? 당연히 아니에요. 텔레비전을 사기 위해 LG전자나 삼성전자 공장에 직접 가지 않고 대리점이나 마트 같은 곳에 가잖아요? 마찬가지로 주식도 대리점이나 마트 같은 역할을 하는 곳이 있어요. 바로 '증권회사'예요. 증권회사는 코스피 시장과 코스닥 시장에 있는 주식을 사려는 사람과 팔려는 사람을 연결해 주는 역할을 해요. 이렇게 연결해 주는 사람을 '중개인'이라고 하는데, 증권회사가 바로 주식 중개인 역할을 하는 것이지요. 증권회사는 주식을 중개하고 그 대가로 수수료를 받아요. 세상에 공짜 점심은 없으니까요.

주가지수

이번에는 여러분도 많이 들어 본 주가지수에 대해서 알아볼게요. 주가지수를 이해하기 위해 먼저 국어, 영어, 수학, 사회, 과학 시험을 본다고 가정해 볼게요. 오늘 본 국영수사과의 시험 성적은 어떻게 처리할까요? 개별 과목은 개별 과목별로 처리하고, 전체 과목은 평균과 총점으로 나타낼 수 있겠지요. 매일매일 시험을 보고 난 후 평균과 총점을 기록하면, 전체 과목의 성적 변화를 한눈에 알아볼 수 있잖아요? 주식시장에도 주가의 변화를 쉽게 파악하고 싶어 하는 사람들이 많아요. 그래서 주가지수가 만들어졌지요.

주가지수는 개별 기업의 주가를 시험 성적 총점이나 평균처럼 비교할 수 있도록 만든 지수라고 할 수 있어요. 차이가 있다면 시험 성적은 과목도 몇 개 안 되고 점수도 단순해서 쉽게 총점을 구할 수 있지만, 코스피와 코스닥에는 많은 기업이 들어 있어서 총점을 구하기가 여간 어려운 일이 아니라는 거예요. 만약 모든 주가의 총점을 구한다면 아마 숫자가 어마어마하게 클 거예요. 설령 총점을 구했다고 하더라도 그 숫자가 너무 크고 복잡해서 한눈에 알아보기도 힘들겠지요. 그래서 주가지수는 일반적인 총점을 구하는 방식이 아니라, 기준이 되는 어느 한 날의 총점(시가총액)을 환산해서 100이라는 지수로 만들어요. 숫자 100은 누구나 쉽게 알 수 있고, 눈에도 쏙쏙 들어오니까요. 이렇게 기준으로 정한 날의 시가총액을 100으로 정하고 나서, 그다음에 주가가 오르면 오른 비율만큼 환산해서 주가지수 100에다가 더하는 것이지요. 물론 떨어지면 떨어진 비율만큼 100에서 빼면 돼요.

그럼 먼저 우리나라를 대표하는 코스피 지수에 대해 알아볼게요. 코스피 지수는 1980년 1월 4일 주가를 100으로 정하고, 이날을 기준으로 주가가 오르면 코스피 지수도 오르고, 주가가 떨어지면 코스피 지수도 내려가요. 현재 우리나라의 코스피 지수는 3000 정도예요. 이 말은 우리나라의 코스피 지수가 1980년 1월 4일보다 30배가량 올랐다는 뜻이지요. 코스닥 지수는 1996년 7월 1일의 주가를 100으로 정했어요. 그런데 숫자의 차이가 너무 작다 보니 주가의 흐름을 알기 어려워서 2004년 1월 25일부터는 100을 1000으로 10배 높여서 사용하고 있어요.

주가지수를 읽는 법은 간단해요. 만약 어제 코스피 지수가 3000이었고, 오늘 30이 올라 3030으로 거래를 마쳤다면 이렇게 말해요. "오늘 코스피는 전날 대비 30포인트가 오른 3030으로 거래를 마쳤습니다."

혹은 "오늘 코스피는 전날 대비 1퍼센트 오른 3030으로 거래를 마쳤습니다." 이 말은 코스피에 상장된 기업의 주가를 평균적으로 봤을 때 어제보다 1% 정도 올랐다는 것을 의미해요.

코스피 지수와 코스닥 지수 말고도 어떤 그룹으로 묶느냐에 따라 다양한 지수를 만들 수 있어요. 성적을 파악하기 위해 국어, 영어를 묶어서 총점을 내기도 하고, 수학과 과학을 묶거나, 예체능 과목을 묶어서 총점을 내기도 하는 것과 같은 이치예요. 예를 들면 '코스피200'과 '코스닥150' 같은 것이 있어요. 코스피200은 코스피에 상장된 기업 중에서 200등까지를 묶어서 지수화한 거예요. 마찬가지로 코스닥150은 코스닥을 대표하는 150개 기업을 묶어서 지수화한 것이지요. 또 대표성을 지니는 산업끼리 묶어서 각종 지수를 만들 수도 있어요. 예를 들면 '반도체 지수'가 있는데, 우리나라의 반도체 산업과 관련된 기업들만 모아서 하나의 지수로 만든 것이지요. 이러한 지수는 게임, 미디어 콘텐츠, 건설, 은행, 보험, 증권 등 정말 다양해요. 이러한 산업별 주가지수는 특정 산업의 주가 변화를 한눈에 알아볼 수 있도록 만든 지수로, 산업별, 업종별 주가의 흐름을 한눈에 비교할 수 있어요.

이처럼 주가지수를 보면 코스피와 코스닥 지수처럼 전체적인 흐름을 파악하거나, 특정 산업이나 업종별 주가의 흐름을 파악하는 데 큰 도움이 돼요. 그래서 주식 투자자라면 늘 주가지수의 변화에 관심을 보여야 해요. 주식시장이 어떻게 돌아가는지를 알 수 있는 중요한 기준 중 하나이니까요.

ㄱ.

주식계좌 만들기

이제 본격적으로 주식을 거래해 볼까요? 주식을 거래하기 위해 미리 준비해야 할 것이 두 가지 있어요. 하나는 주식계좌를 만드는 일이고, 다른 하나는 직접 거래하기 위해서 스마트폰에 앱을 설치하거나, 컴퓨터에 주식매매 프로그램을 설치하는 일이에요.

1단계: 주식계좌 만들기

가장 먼저 주식계좌를 만들어야 해요. 은행에 돈을 맡기려면 은행계좌가 있어야 하듯이, 주식을 거래하려면 주식계좌가 있어야 해요. 요즘은 주식계좌를 온라인으로 만들 수 있어서 매우 편리하지요. 안타깝게도 미성년자는 스스로 주식계좌를 만들 수 없어요. 부모님이나 보호자와 함께 직접 증권회사 영업점이나 은행에 방문해서 계좌를 만들어야 하니 참고하세요.

증권회사에서 주식계좌를 만들 때는 아무 증권회사나 가면 돼요. 그러나 은행에서 만들 때는 미리 확인해야 할 것이 있어요. 은행은 증권사가 아니라서 증권사와 연계된 계좌를 개설해 주는데, 은행마다 연계할 수 있는 증권회사가 달라요. 만약 거래하고 싶은 증권회사가 따로 있다면 미리 은행에 연락해서 그 증권회사의 계좌 개설이 가능한지를 물어보세요. 미성년자는 기본적으로 다음과 같은 준비물이 필요해요. 은행이나 증권회사에 따라 요구 서류가 다를 수도 있으니 방문 전에 연락해 보고 챙겨 가세요.

준비물

>> 본인 이름으로 된 기본증명서, 가족관계증명서, 법적 보호자 신분증, 본인 도장

2단계: 앱 설치하기

요즘은 주식 거래를 스마트폰이나 컴퓨터를 이용해 쉽게 할 수 있어요. 스마트폰으로 거래하는 것을 MTS라고 하는데 '모바일 트레이딩 시스템'의 약자예요. 컴퓨터로 거래하기 위해서는 '홈 트레이딩 시스템'인 HTS를 사용해요. 스마트폰에 증권사 MTS 앱을 다운받거나, 컴퓨터라면 증권회사 홈페이지에서 HTS를 다운받아 설치하면 돼요.

3단계: 주식계좌로 송금하기

돈이 있어야 주식을 거래할 수 있겠지요? 여러분이 개설한 주식계좌에 돈을 입금하면 이제 주식을 매매할 수 있어요. 주식계좌도 은행계좌처럼 자유롭게 입출금할 수 있어요.

8.

주식 거래하기

앱을 설치한 후 MTS나 HTS에 처음 들어가면 이게 뭔가 싶을 정도로 화면 가득 낯선 용어와 숫자가 나타날 거예요. 이게 다 무슨 말인지, 어떻게 해야 하는지 당황스럽겠지만 괜찮아요. 하다 보면 어느새 익숙해지거든요. 그 첫걸음으로 실제로 주식을 거래하기 전에 자주 사용하는 용어를 먼저 알아보고 시작할게요. 이것들만 알아도 훨씬 쉽게 느껴질 거예요.

매매할 때 자주 보이는 용어

주식을 거래할 때마다 만나는 아주 기본적인 용어들이에요. 뜻을 정확히 알고 매매해야 해요. 특히 '주문종류'에서 매수, 매도를 헷갈리면 안 돼요. 팔아야 할 주식을 '매수'로 누르면 사게 되고, 살 주식을 '매도'로 누르면 있던 주식도 팔게 되니까요. 누가 그럴까 싶겠지만 의외로 많이 하는 실수니까 주의하세요. 정확하게 입력한 후 한 번 더 확인하고 매매하는 습관이 필요해요.

종목명	주식을 발행한 기업의 이름이에요. 삼성전자, LG전자, 카카오처럼 주로 기업의 이름을 종목명으로 사용해요.
종목코드	주식을 발행한 기업은 종목명과 함께 등록번호도 있어요. 삼성전자의 종목코드는 (005930), LG전자는 (066570), 카카오는 (035720)이지요. 종목명과 종목코드 둘 중 하나만 검색하면 원하는 종목을 쉽게 찾을 수 있어요.
주문종류	주식을 사는 것과 파는 것을 말해요. 사는 것을 '매수', 파는 것을 '매도'라고 해요.
거래수량	거래하고 싶은 주식의 수량이에요. 단위는 '주'를 사용해서 '매수 20주'처럼 표현해요.
거래가격	주식을 사거나 파는 가격이에요.

주식 매매하기

주식 주문은 사실 햄버거 주문과 비슷해요. 무인 주문 시스템인 키오스크에서 햄버거를 주문하는 순서만 떠올려도 쉽게 할 수 있을 거예요. 이제 우리나라의 대표 주식인 삼성전자를 한 번 사 볼게요.

1단계. 주식 앱 실행

스마트폰에서 증권사 주식 앱(MTS)을 실행해요. 컴퓨터로 할 때도 과정은 같아요.

2단계. 종목 찾기

검색창에 사고자 하는 주식의 종목명이나 종목코드를 입력해요. 우리는 삼성전자를 사야 하니까 종목명인 '삼성전자' 또는 종목코드인 '(005930)'을 입력하면 돼요. 이렇게 검색창에 입력하면 삼성전자가 화면에 나타날 거예요.

3단계. 매매창 살펴보기

화면에 나타난 삼성전자를 클릭하면 주식을 사고팔 수 있는 '매매창'이 나타나요. 매매는 사고판다는 뜻이에요. 다음은 삼성전자의 매매창이에요.

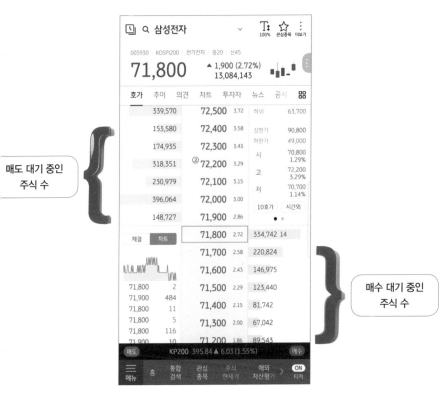

매도 대기 중인 주식 수

매수 대기 중인 주식 수

매매창 보는 법　　매매창은 가운데 가로선을 기준으로 위쪽에

는 팔려는 수량과 가격이, 아래쪽에는 사려는 수량과 가격이 나타나요.

　　주식을 사려는 사람은 사고 싶은 가격을 직접 입력해야 해요. 주

식은 가격이 딱 하나로 정해져 있지 않아요. 사려는 사람과 팔려는

사람이 가격을 제시한 후 가격이 서로 맞으면 거래되는 식이죠. 이렇

게 주식을 사고팔 때 입력하는 가격을 '호가(呼價)'라고 해요. 호가는

말 그대로 '부르는(호, 呼) 가격'이라는 뜻이에요. 사는 사람이 부르는 가격을 '매수호가', 파는 사람이 부르는 가격을 '매도호가'라고 해요. 사겠다는 사람과 팔겠다는 사람의 가격이 맞아서 거래가 이루어지는 것을 '체결된다'라고 하고, 이때의 가격을 '체결가'라고 해요.

호가 = 주식을 사거나 팔 때 부르는 가격
매수호가 = 주식을 사는 사람이 사겠다고 부르는 가격
매도호가 = 주식을 파는 사람이 팔겠다고 내놓은 가격
체결가 = 매수호가와 매도호가가 맞아서 거래가 이루어진 가격

4단계. 주식 주문하기

삼성전자 1주를 즉시 매수해 볼까요? 현재 삼성전자 주식은 71,800원에 거래되고 있으니, 매수가를 71,900원 이상으로 부르면 바로 체결될 거예요. 만약 71,900원보다 더 싸게 사고 싶다면 원하는 매수 가격으로 주문을 넣은 후 기다려야 해요. 매수가를 낮춰 놓고 기다렸는데, 그 가격으로 팔려는 사람이 나타나지 않으면 거래는 이루어지지 않아요.

5단계. 주식계좌에서 확인하기

삼성전자 주식을 샀다면, 이제 여러분의 주식계좌에 삼성전자 주식이 나타날 거예요. 그런데 여러분의 계좌에서 삼성전자를 산 가격은 아직 빠져나가지 않았을 거예요. 주식을 샀지만, 계좌에서 돈이 빠져나가

지 않은 이유는 주식 거래를 계산하는 데 2 거래일이 걸리기 때문이에요. 물건을 먼저 받고, 돈은 2일 후에 준다고 생각하면 돼요. 여기서 '거래일'이라는 것은 주식을 거래하는 날이라는 뜻으로 '영업일'이라고도 해요. 토요일과 일요일에는 주식시장이 문을 닫고 영업하지 않으므로 거래일이 아니에요. 그래서 만약 금요일에 주식을 팔았다면, 토요일과 일요일은 거래일이 아니기 때문에 2일 후인 화요일에 계좌로 돈이 들어올 거예요. 살 때와 마찬가지로 주식을 팔 때도 2 거래일이 지나야 주식을 판 돈이 들어오는 것이죠. 그래서 주식을 판 후 주식계좌에서 주식을 판 돈을 찾으려면 2 거래일 후에나 찾을 수 있어요.

여기서 주의할 것이 있어요. 비록 내 주식계좌에는 주식을 판 돈이 들어오지 않았지만, 주식을 판 돈으로 다른 주식을 바로 살 수는 있어요. 예를 들어 여러분이 71,900원에 삼성전자를 팔았다면, 2 거래일이 지나지 않았어도 이 71,900원으로 바로 다른 주식을 살 수 있다는 말이에요. 이것은 아직 현금이 들어오지는 않았지만, 현금이 들어올 것이 확실하므로 미리 현금을 당겨서 쓸 수 있도록 해 놓았기 때문이에요. 현금이 계좌에 들어오지 않았으니 현금을 찾을 수는 없지만, 주식은 2 거래일까지 기다리지 않고 바로 살 수 있다는 것을 기억하세요.

그럼 주식 투자로 어떻게 돈을 벌 수 있는 걸까요? 주식으로 돈을 버는 방법은 크게 두 가지로 나눌 수 있어요.

첫 번째는 시세차익이에요. 시세차익은 산 가격과 판 가격의 차이에 따른 이익을 말해요. 주식을 싸게 사서 비싼 값으로 파는 방법이지요. 만약 여러분이 주식을 10,000원에 샀는데 주가가 올라서 12,000원이 되면 여러분은 2,000원의 이익을 보는 거지요.

두 번째는 배당금이에요. 배당금은 앞에서 말한 것처럼, 기업의 이익을 주식을 가지고 있는 주주에게 나누어 주는 거예요.

9.

주식 소유권의 이동

　이번에는 주식 거래를 통해 주식의 주인이 어떻게 바뀌는지를 알아볼게요.

　만약 여러분이 주식을 샀다면 그 주식은 어디에 있을까요? 물건을 사면 직접 받아 볼 수 있는데, 주식은 그렇지 않아요. 예전에는 기업의 숫자가 많지 않고, 인터넷 등의 정보통신이 지금처럼 발달하지 않아서 주식을 사면 진짜 종이로 된 주식을 가질 수 있었어요. 그런데 지금은 기업도 너무 많고, 그만큼 주식 수도 많으니 직접 나누어 줄 수 없죠. 그래서 종이주식이 아닌 전자주식을 발행해요. 이런 이유로 주식을 사도 직접 받는 게 아니라 여러분의 주식계좌에서 몇 주를 가지고 있는 확인할 수만 있는 거예요.

　여러분이 증권회사의 주식계좌에서 보는 주식이 사실은 증권회사가 아니라 '한국예탁결제원'이라는 곳에 보관되어 있다는 걸 알고 있나요? 주식의 소유권 변화 과정을 쉽게 이해하기 위해 학교에서 자리 바꾸는 걸 예로 들어 볼게요. 교실 책상이 내 자리라는 것을 알리기 위해 책상에 이름표를 붙여 두었어요. 그런데 자리 바꾸기를 해서 다른 자리로 옮기면 어떻게 하나요? 바뀐 자리로 책상을 들고 옮기는 게 아니라 이름표만 떼서 바뀐 자리에 붙이고 그 자리에 앉으면 되지요. 주식도 마찬가지예요. 여러분이 주식을 사면 한국예탁결제원에 있던 주식 중 여러분이 산 주식에 여러분의 이름만 바꾸어 놓는 거예요. 마치 자리를 바꿀 때 책상은 옮기지 않고, 기존에 있던 책상에 새로 온 사람의 이름표만 붙이고 앉는 것처럼 말이지요. 반대로 여러분이 주식을 다른 사람에게 팔면 여러분이 가지고 있던 주식의 이름표를 지우고, 주식을 산 사람의 이름표를 붙이는 거예요.

그럼 왜 이렇게 주식을 발행하는 곳, 매매하는 곳, 또 그 주식을 보관하는 곳으로 복잡하게 나누어 놓았을까요? 그냥 한 곳에서 모든 일을 처리하면 훨씬 더 쉽고 편할 텐데 말이에요. 그것은 바로 공정하고 정확한 거래를 위해서예요. 여러 곳으로 나누어서 일을 처리하면 서로 견제하니까 한 곳에서 다하는 것보다 주가 조작 같은 불공정한 거래를 할 수 없게 되는 것이지요.

10.

주식 매매 기본 용어

주식을 거래할 때 기본적으로 알아야 할 용어가 있어요. 이 용어들은 평상시에 쓰는 말과 거의 비슷해서 조금만 신경 써서 들어 보면 쉽게 알 수 있을 거예요.

정규장

우리나라 주식시장은 오전 9시에서 오후 3시 30분까지 열리는데, 이때 열리는 주식시장을 '정규장'이라고 해요.

시가와 종가

시가는 주식시장이 열리는 9시에 처음 거래된 가격을, 종가는 오후 3시 30분 주식시장이 문을 닫을 때 마지막으로 거래된 가격을 말해요.

저가와 고가

저가는 정규장에서 체결된 가격 중에서 가장 낮은 가격을, 고가는 정규장에서 체결된 가격 중에서 가장 높은 가격을 말해요.

상한가와 하한가

우리나라는 하루에 최대한 오르고 내릴 수 있는 주가의 범위를 정해 두고 있는데, 그 범위가 30%이에요. 하루에 주가가 아무리 많이 올라도 30% 이상 오를 수 없고, 아무리 많이 내려도 30%보다 더 떨어질 수 없어요. 이때 하루에 오를 수 있는 최고 한도 범위의 가격을 상한가, 하루에 떨어질 수 있는 최저 한도 범위의 가격을 하한가라고 해요. 예를 들면 1만 원짜리 주식이 있다면 아무리 많이 올라도 13,000원까지만 오를 수 있고, 아무리 많이 떨어져도 7,000원까지만 떨어질 수 있어요. 상한가와 하한가를 두는 이유는 주가가 갑자기 너무 많이 떨어져 큰 손해를 보거나, 갑자기 너무 많이 올라서 과열되는 것도 막기 위한 안전장치예요. 모든 나라가 다 똑같지는 않아요. 상한가와 하한가가 있는 나라도 있고, 없는 나라도 있어요. 또 상한가와 하한가의 범위도 나라마다 달라서, 외국에 투자한다면 투자하는 나라의 상·하한가 제도를 미리 확인하는 게 좋아요.

동시호가

사고파는 가격을 동시에 부른다는 뜻이에요. 동시호가는 정규장이 시작하기 전인 8시 30분에서부터 9시까지 30분 동안, 정규장을 마감하기 10분 전인 3시 20분부터 3시 30분까지 10분 동안 이루어져요. 동시호가 시간에는 주식 거래를 하는 게 아니라 주문만 받아 놓고 있다가, 9시와 3시 30분이 되자마자 미리 주문받은 주식을 비교해 가격대별로 체결시켜요. 식당으로 말하면 돈은 받지 않고 대기 손님만 받아 놓았다가, 음식이 나오면 음식이 나온 숫자만큼만 파는 것과 비슷하다고 할 수 있어요. 동시호가는 정규장 전후 외에도 주가가 갑자기 오르거나 내릴 때 실시하기도 해요. 이런 동시호가 제도를 두는 이유는 가격 결정의 혼란을 막아 가격을 공정하게 형성하고, 시장이 과열되었을 때 안정시키기 위해서예요.

II.

주식시장 참여자, 기관 vs 외국인 vs 개인

우리나라 주식시장에 참가하는 사람들을 크게 나누면 개인, 기관, 외국인 세 그룹으로 나눌 수 있어요.

개인

먼저 개인은 여러분처럼 개인적으로 투자하는 사람들을 말해요. 일명 '개미'라고 부르지요. 주식에 투자하는 개인의 수는 많지만, 전체 투자금액은 적다는 특징이 있어요.

기관

다음은 기관이에요. 기관 투자자란 큰돈을 가지고 주식 투자를 전문적으로 하는 단체를 말해요. 주로 은행이나 보험, 증권회사 같은 금융기관과 정부나 공공기관에서 운영하는 연기금이나 공제회 같은 곳이 있어요. 참고로 연기금은 개인이 젊어서 돈을 냈다가 노후에 받아 쓸 수 있도록 모은 돈을 쌓아 두고 운용하는 기관을 말해요. 국민연금 같은 곳은 국민 대다수가 가입했기 때문에 자금이 아주 많지요. 기관 투자자는 전문적인 지식과 많은 자금으로 주식 투자를 하기 때문에 주식시장에 주는 영향력이 매우 커요.

외국인

마지막으로 외국인이 있어요. 우리나라는 주식시장이 개방되어 있어서 외국인도 자유롭게 주식을 살 수 있어요. 외국인 투자자 대부분은 외국의 투자 전문 기관들이며, 메릴린치, 제이피모간체이스, 골드만삭스, 시티그룹, UBS 등이 있어요. 외국인 역시 막대한 자금을 가진 전문 투자자라서 우리나라 주식시장에 큰 영향력을 미치지요.

많은 돈을 가진 전문가들이 투자하기 때문에, 기관과 외국인의 매매동향은 주가에 그만큼 큰 영향을 주어요. 만약 기관이나 외국인이 연속적으로 어떤 종목의 주식을 사고 있다면, 이 기업의 주가는 장기적으로 오를 가능성이 매우 크지요. 외국인이나 기관들은 장기 투자를 선호해 길게 보고 투자하기 때문이에요. 따라서 주식 투자를 하는 개인 투자자라면 외국인과 기관이 무엇을 사고파는지 주의 깊게 살펴볼 필요가 있어요.

12.

시가총액

"삼성전자가 우리나라에서 제일 큰 기업인데 주가는 왜 제일 비싸지 않나요?"

학생들과 주식 이야기를 하다 보면 이런 질문을 많이 들어요. 아마 여러분도 한 번쯤 이런 생각을 해 보았을 거예요. 제일 큰 기업이라면 당연히 주가도 제일 비싸야 하는데, 삼성전자보다 주가가 더 높은 기업도 많으니까요. 실제로 삼성전자 주가가 2022년 상반기인 현재 7만 원 수준인데, LG생활건강은 95만 원 정도, 게임회사인 엔씨소프트는 45만 원 정도로 모두 삼성전자보다 주가가 훨씬 높지요. 단순하게 생각하면 주가가 높으면 기업도 클 것 같지만 사실은 그렇지 않아요. 주가는 그냥 거래되는 가격일 뿐 기업의 크기와는 별 상관이 없어요. 진짜 기업의 가치를 알고 싶다면 기업의 주가와 더불어 기업이 발행한 주식 수도 함께 보아야 하지요. 예를 들어 10,000원짜리 주식 1개인 기업과 1,000원짜리 주식 20개인 기업 중 어느 기업이 더 클까요? 주식 하나의 값으로 따지면 10,000원짜리 주식을 가진 기업이 더 크고 가치 있어 보이지만, 사실은 1,000원짜리를 20개 가진 기업의 가치가 더 높아요. 그러니까 삼성전자의 주가가 낮아도 발행한 주식 수가 많으니 그만큼 더 큰 기업이라고 할 수 있는 거지요. 이렇게 현재의 주가에 주식 수를 곱해서 기업의 크기를 나타내는 것을 '시가총액'이라고 해요.

> 주가 × 주식 수 = 시가총액

시가총액이 높다는 것은 그만큼 기업이 크고, 주식시장에서 가치를 인정받는다는 것을 의미해요. 따라서 기업의 진정한 크기와 가치를 알고 싶다면 단순히 어떤 종목의 주가를 보는 것이 아니라 시가총액을 살펴보아야 하지요. 시가총액은 기업의 크기를 비교하는 아주 중요한 자료예요. 요즘은 시가총액을 직접 계산하지 않아도 네이버 같은 포털 사이트나 증권사 모바일 앱에서 쉽게 확인할 수 있어요. 다음은 우리나라 시가총액 10위까지의 기업을 모아 놓은 거예요. 우리나라 기업을 1등부터 10등까지 등수를 매긴 것이라고 할 수 있어요.

2022년 상반기 우리나라의 시가총액 순위 〈출처: 네이버 금융〉

시가총액을 살펴보면 우리나라 산업의 구조를 볼 수 있어요. 1위 삼성전자, 3위 SK하이닉스, 4위 삼성전자우는 모두 반도체 회사예요. 우리나라는 반도체가 큰 비중을 차지하고 있다는 걸 짐작할 수 있지요. 좀 더 볼게요. 2위인 LG에너지솔루션과 8위인 LG화학, 10위인 삼성SDI는 전기차와 2차전지 배터리를 만드는 회사예요. 5위 네이버와 7위 카카오는 정보통신과 인터넷 관련 기업이에요. 9위 현대차는 자동차 회사이고, 6위 삼성바이오로직스는 바이오 회사이지요.

따라서 10위까지의 순위만 봐도 현재 우리나라의 주요 산업이 반도체, 전기전자, 인터넷 정보통신, 2차전지, 바이오, 자동차 등이라는 것을 알 수 있어요. 각 순위의 규모 차이도 의미가 있어요. 1위와 2위의 차이가 매우 큰데, 이것은 현재 우리나라에서는 삼성전자가 독보적인

순위	기업	시가총액
1	애플	3,433조 원
2	마이크로소프트	2,980조 원
3	아마존 닷컴	2,067조 원
4	테슬라	1,207조 원
5	알파벳 C주(구글)	1,112조 원
6	알파벳 A주(구글)	1,049조 원
7	메타플랫폼스(페이스북)	931조 원
8	앤비디아	876조 원
9	유나이티드헬스 그룹	554조 원
10	제이피모간 체이스	552조 원

2022년 상반기 미국의 시가총액 순위

1위 기업이며, 삼성전자가 주식시장에서 차지하는 비중이 매우 크다는 뜻이에요.

그럼 미국의 시가총액은 어떨까요? 미국 시가총액을 살펴보면 우리에게도 낯익은 기업들이 많아요. 애플, 마이크로소프트, 아마존, 알파벳(구글) 등 정보통신기술 기업이 주를 이루네요. 시가총액은 주가의 변동에 따라 순위가 바뀔 수 있어요. 기업의 순위가 오르는 기업은 그만큼 빠르게 성장하고 있다고 할 수 있고, 반대로 기업의 순위가 내려가는 기업은 그만큼 기업의 성장이 둔하다는 뜻이기도 해요. 따라서 투자자는 시가총액의 변화를 잘 살펴봐야 하지요.

시가총액은 기업을 비교할 수 있는 중요한 자료이기도 해요. 시가 총액을 시대별로 비교해 보면 우리나라 산업이 어떻게 변해 왔는지도 알 수 있지요. 예를 들면 네이버와 카카오 같은 기업은 10년 전에는 순위에 있지도 않았지만, 지금은 당당히 10위 권 안에 들어 있어요. 그만큼 정보통신 산업이 성장했고, 네이버와 카카오도 빠른 성장을 했다는 뜻이겠지요. 또 삼성전자처럼 오랫동안 시가총액 상위에 있는 기업은 그만큼 시대의 요구에 맞춰 성장하는 기업이라고 할 수 있어요.

같은 업종의 기업을 시가총액으로 비교하면 경쟁 기업의 가치를 평가할 수도 있어요. 예를 들어 LG에너지솔루션과 삼성SDI는 같은 2차 전지 업체인데 LG에너지솔루션의 시가총액이 더 높지요. 이것은 LG에 너지솔루션이 삼성SDI보다 더 좋은 평가를 받고 있다는 뜻으로 해석할 수도 있어요. 같은 업종에 있는 기업들의 시가총액을 비교해 보면 어떤 기업이 더 고평가되고 있는지 알 수 있을 거예요. 이처럼 시가총액은 우리나라 산업의 흐름과 각 기업의 가치를 알 수 있는 중요한 자료라고 할 수 있어요.

시가총액은 기업의 가치를 순위로 보여 주는 투자 지표로 투자자가 활용할 가치가 아주 높아요. 시가총액을 활용해 투자할 기업을 결정해 보세요. 내가 투자하고 싶은 기업의 시가총액은 얼마이고, 경쟁 업체와의 시가총액 순위는 어떤지도 비교해 보세요. 또 시가총액의 순위가 상승세인가 하락세인가도 확인하면 좋아요. 이처럼 시가총액은 투자자가 투자 여부를 결정할 때도 큰 도움이 돼요.

십대를 위한 경제 캠프,
주식 1주의 힘

3부

꼬리에 꼬리를 무는
주식 투자의 모든 것

미래가치는 뭐고, 왜 중요한가요?

　주식 관련 뉴스나 정보를 보면 "현재 주가는 미래의 가치를 반영한다" 혹은 "현재의 주가는 6개월 정도 앞서 선반영되었다"라는 말을 자주 들을 수 있어요. 이 말은 지금 거래되고 있는 주가가 현재의 기업 가치가 아니라, 6개월 후의 기업 가치를 반영한다는 말이에요. 예를 들어 어느 기업의 주가가 지금 1만 원이라고 하면, 이 기업의 현재 가치가 1만 원이라는 게 아니라 앞으로 6개월 후의 가치가 그렇다는 얘기예요. 현재의 주가는 현재가 아닌 미래의 가치를 먼저 반영한다는 뜻이고, 이를 먼저 반영한다는 의미로 '선반영'이라고 해요.

　주가가 현재의 가치보다는 미래의 가치를 선반영한다는 것은 주식의 속성을 가장 잘 나타내는 아주 중요한 부분이라서 선반영에 대한 이해가 필요해요. 현재의 주가가 미래의 가치를 반영한다는 말이 어렵게 느껴질 수도 있지만 사실 그렇게 어려운 이야기는 아니에요. 예를 들어 볼게요. 예전에는 소를 이용해 농사를 지었어요. 그때는 힘이 좋고 농사를 잘 짓는 수소가 암소보다 더 가치가 있었어요. 그래서 수송아지가 태어나면 더 좋아했지요. 당연히 송아지 가격도 암송아지보다는 수송아지가 더 비쌌어요. 이상하지 않나요? 따지고 보면 암송아지나 수송아지나 새끼일 때는 너무 약해서 일을 못 하는 건 마찬가지잖아요? 그런데 왜 수송아지가 더 비쌌을까요? 이유가 짐작될 거예요. 다 자란 후에는 수송아지가 더 일을 잘할 것이라는 기대감이 반영되었기 때문이지요. 그래서 사람들은 수송아지의 미래가치를 현재에 반영해서 암송아지보다 더 비싼 가격으로 사는 거예요.

주식도 마찬가지예요. 현재 주가는 현재가 아니라 미래의 기업 가치를 보고 형성되었다는 뜻이죠. 여러분이 좋아하는 아이스크림을 예로 들어 볼게요. 일반적으로 아이스크림은 언제 잘 팔리나요? 당연히 여름이겠지요. 그런데 이번 겨울에 일기예보를 보니 돌아오는 여름에는 100년 만에 찾아오는 최악의 더위가 온다고 하네요. 아이스크림 회사의 주가는 어떻게 될까요? 지금 계절은 겨울이지만 돌아오는 여름에 아이스크림이 잘 팔릴 것이라 기대하기 때문에 주가는 올라갈 거예요. 미래가치가 현재에 미리 반영되었다고 할 수 있지요.

자, 겨울을 지나 최악의 더위가 닥친 여름이 되었어요. 아이스크림 회사의 주가는 어떻게 될까요? 더워서 아이스크림은 잘 팔리지만, 주가는 더 오르진 않을 거예요. 왜냐하면 현재 아이스크림 회사의 주가에 겨울이 선반영 되었기 때문이에요. 이 여름이 지나면 아이스크림을 사 먹는 사람이 줄어들 테니까 오히려 주가가 떨어질 확률이 높지요.

이러한 현상 때문에 "주가는 기업의 현재 상황이 아니라 미래의 기대 가치를 선반영한다"라고 하고, 보통 그 기간을 6개월 정도로 보고 있어요. 그래서 여러분이 어떤 기업의 주가를 볼 때, 지금의 주가는 현재의 기업 가치가 아니라 6개월 후의 가치라고 생각하면 돼요.

이런 현상은 실제로 많이 일어나요. 어떤 기업의 실적이 안 좋다고 하는데, 주가는 오히려 오르는 경우가 있어요. 이런 일이 일어나는 까닭은 비록 현재는 좋지 않지만, 미래에는 실적이 좋아질 것이라는 기대 감을 선반영했기 때문이에요. 물론 반대로 어떤 기업은 실적이 좋은데도 불구하고 오히려 주가가 떨어지기도 해요. 이것은 현재 실적은 좋지만, 미래의 실적이 나빠질 것이라고 예상한 결과지요.

투자자는 이러한 현상을 어떻게 활용해야 할까요? 주식의 기본 속성이 미래의 가치에 있다는 걸 정확히 이해하고, 투자의 기본 원칙을 '미래의 가치'에 둘 필요가 있어요. 어떤 기업의 현재 주가가 좋지 않더라도 미래의 성장 가능성이 충분하다고 판단되면 투자하는 것이죠. 반대로 아무리 현재 주가가 좋아도 미래의 가치가 좋지 않을 거라고 판단되면 투자하면 안 될 거예요. 따라서 주식 투자를 할 때는 현재의 주가보다는 미래의 가치에 더 중점을 두고, 그 기업의 성장 가능성을 잘 살펴보아야 해요. 미래의 가치, 미래의 성장성은 주식 투자의 절대적인 기준이라고 할 수 있어요.

2.
금리는 뭐고,
주가에는 어떤 영향을 주나요?

금리는 원금에 일정 기간 지급하는 이자율을 말해요. 금리는 돈의 흐름과 통화량, 물가, 주식시장 등 대부분의 경제활동에 큰 영향을 주어요. 금리의 영향력이 워낙 크고 중요하기 때문에, 쉽게 바뀌지 않도록 외부 영향을 받지 않는 독립기구인 한국은행 금융통화위원회에서 '기준금리'라는 것을 정하지요. 기준금리가 발표되면 각 금융기관은 이것을 기준으로 각자의 금리를 결정해요. 한국은행의 기준금리가 오르면 시중의 금리도 올라가고, 기준금리를 낮추면 시중의 금리도 내려가는 식이에요. 그럼 지금부터 금리가 주식시장, 나아가 경제활동 전반에 어떤 영향을 미치는지 알아보기로 해요.

여러분에게 1,000만 원의 투자금이 있다고 가정해 볼게요. 여러분은 이 돈을 주식에 투자하는 게 나을까요? 아니면 은행에 저금하는 게 좋을까요? 어디에 투자할지를 결정하는 중요한 기준은 아마도 '수익률'일 거예요. 더 많은 돈을 얻을 수 있는 곳을 선택하는 거죠. 금리가 이 수익률에 어떤 영향을 주는지 자세히 알아보기로 해요.

금리가 높을 경우

먼저 금리가 높을 경우예요. 만약 은행의 금리가 높다면 아마도 여러분은 은행에 저금할 거예요. 금리가 높다는 것은 은행에서 많은 이자를 받을 수 있다는 뜻이잖아요? 사실 은행은 안전하다는 장점이 있지만, 금리가 낮아서 수익이 적다는 단점도 있어요. 그런데 금리가 올라가면 은행은 안전하면서도 수익이 많아지는 것이죠. 굳이 위험 부담이 있는 주식에 투자하기보다는 은행이 나은 거예요. 실제로 IMF 외환위기 때에는 1년 금리가 20%가 넘었어요. 1,000만 원을 은행에 맡기면 매년 이자로 200만 원을 준다는 것이죠. 사람들은 1년에 20%의 수익이 나는데 굳이 위험을 감수하고 주식에 투자할 필요가 없었어요.

그렇다면 금리가 높아지면 은행에서 돈을 빌린 사람은 어떻게 될까요? 금리가 올라가면 빌린 돈에 대한 이자도 더 많이 내야 하니 이자 부담이 커질 거예요. 그러면 사람들은 은행에서 빌린 돈을 웬만하면 갚으려고 하지요. 이런 식으로 금리가 높으면 시중의 돈이 은행으로 들어오게 돼요. 또 돈을 빨리 갚기 위해 주식 같은 자산도 팔게 되고, 자연스럽게 주가도 떨어질 거예요. 그래서 금리가 높아지면 위험자산보다는 안전자산을 선호하게 되어 돈이 안전자산으로 이동하게 되고, 주가에는 부정적이에요.

금리가 낮을 경우

그럼 반대로 금리가 낮으면 어떻게 될까요? IMF 때 20%였던 금리가 지금은 1% 정도예요. 1,000만 원을 은행에 맡겨도 이자가 1년에 10만 원밖에 안 돼요. IMF 때의 200만 원과 비교하면 정말 적은 금액이라고 할 수 있어요. 이처럼 금리가 낮으면 은행에 저금해 봤자 수익이 얼마 안 되니까, 사람들은 위험해도 수익이 높은 주식이나 부동산 같은 위험자산에 투자하려고 할 거예요.

또 금리가 낮으면 은행에서 돈을 빌렸을 때 내야 하는 이자도 적으니까, 사람들은 부담 없이 돈을 빌려서 수익이 더 높은 주식이나 부동산에 투자하려고 할 거예요. 주식시장에 돈이 몰리니 자연스럽게 주가도 오르게 되겠지요. 그래서 금리가 낮아지면 안전자산보다는 위험자산을 선호하는 현상이 일어나요.

이제 금리와 경제 현상이 실제로는 어떻게 맞물리는지 알아볼게요.

만약 시중에 돈이 많아서 물가가 오르고, 주식이나 부동산에 거품이 끼면 한국은행은 어떤 결정을 할까요? 시중에 돌아다니는 돈, 즉 통화량이 너무 많다고 판단되면 한국은행은 기준금리를 올려요. 금리가 올라가면 사람들은 다시 은행으로 몰릴 것이고, 주식과 부동산을 팔아서 빌린 돈을 갚으려고 하겠지요. 이렇게 되면 자연스럽게 시장에 너무 많이 풀렸던 돈이 은행으로 회수되는 효과가 있어요.

반대로 경기가 너무 어려워서 경제가 잘 돌아가지 않는다면 어떻게 할까요? 맞아요. 이런 경우 한국은행은 기준금리를 내려요. 금리가 내려가면 사람들은 은행에 저금하기보다는 돈을 빌려서 주식이나 부동산 등에 투자하게 되지요. 시중에 돈이 풀리게 되는 효과를 가져와요. 이처럼 금리는 자산을 이동시키는 '보이지 않는 손'이라고 할 수 있어요.

일반적으로 금리와 주가는 반대 방향으로 움직이려는 성향이 있어요. 금리가 오르면 주가는 내려가고, 금리가 내려가면 주가는 오르지요. 그러나 항상 예외가 있다는 것을 잊으면 안 돼요. 금리가 오를 때 주가가 오르기도 하니까요. 이럴 때는 왜 금리가 오르는지를 봐야 해요. 경제 상황이 너무 좋아도 금리는 올라가요. 경제 상황이 너무 좋으면 시중에 자금이 풍부하니까 한국은행에서는 금리를 올려 이 자금을 회수하려고 하는 것이죠. 그런데 경기가 좋다는 것은 그만큼 경제활동이 왕성하고 기업의 수익이 늘어났다는 의미잖아요? 이렇게 되면 금리가 올라도 주가 역시 오르게 되지요. 따라서 투자자는 금리가 오르거나 내렸을 때 금리 변동의 원인을 따져 볼 필요가 있어요. 경제가 활발하게 돌아가는데도 불구하고 금리가 올랐다면 이것은 투자하기 좋은 기회로 볼 수 있지요.

이렇게 금리가 주가에 미치는 영향은 매우 커요. 따라서 투자자는 금리의 변화와 이유에 대하여 항상 확인하려는 노력이 필요해요.

3.
공매도는 뭐고,
왜 개인 투자자가 싫어하나요?

주식 투자를 하다 보면 '공매도'라는 말을 자주 듣게 될 거예요. 어쩌면 여러분도 주식이 하락할 때 "공매도 때문에 주가가 떨어졌다"라는 뉴스를 들어 봤을지도 모르겠네요. 공매도는 주가가 하락할 때 수익을 볼 수 있는 매매 기법의 하나예요. 특히 주가가 떨어질 때 많이 일어나서 개인 투자자에게 손실이라는 큰 아픔을 주지요. 어떻게 주가가 하락하는데도 수익을 볼 수 있다는 것인지 공매도의 원리를 알아보기로 해요.

공매도의 원리는 물건을 빌렸을 때 똑같은 물건으로 갚는 것과 같아요. 학교에서 친구에게 지우개를 빌렸다면 나중에 똑같은 지우개로 다시 갚으면 되잖아요? 주식도 마찬가지예요. 주가가 떨어질 것 같으면 주식을 빌린 후 팔아서 현금으로 가지고 있다가, 나중에 주가가 더 떨어졌을 때 떨어진 가격으로 다시 주식을 사서 갚는 거예요. 약간 헷갈리죠? 예를 들어 설명해 볼게요.

자, 승승장구하던 ㈜흥부네 빠른 운송에 여러 가지 안 좋은 뉴스가 겹쳤어요. 아마도 현재 주가인 100,000원에서 대폭 내려갈 것 같네요. 이 소식을 들은 공매도 투자자 A씨는 현재 ㈜흥부네 빠른 운송의 주식을 하나도 갖고 있지 않아요. 그래서 A씨는 ㈜흥부네 빠른 운송의 주식을 증권사에서 1주 빌려요. 그리고 이렇게 빌린 주식을 100,000원에 팔았어요. 이제 투자자 A씨는 100,000원의 현금을 가지고 있지요.

예상대로 ㈜흥부네 빠른 운송의 주가가 1만 원까지 떨어졌어요. 그러자 투자자 A씨는 1만 원을 주고 ㈜흥부네 빠른 운송의 주식 1주를 사서 빌린 증권사에 갚았어요. 결과적으로 투자자 A씨는 90,000원의 이익을 얻은 것이죠. A씨는 주가가 100,000원일 때 증권사에서 주식을 빌려 1주를 팔았으니 현금 100,000원이 들어왔고, 주가가 1만 원일 때 주식을 다시 사서 주식으로 갚았기 때문에 9만 원의 차익이 발생한 거예요. 증권사에는 주식을 1주 빌렸다가 1주 갚았으니 아무런 손해가 없어요.

이처럼 공매도는 주식이 없는데도(공, 空) 주식을 빌려 판다(매도)는 뜻이에요. 공매도의 공(空)은 한자로 비어 있다는 뜻의 '빌 공(空)'이지요. 다시 정리하면 공매도는 주가의 하락을 예상한 투자자가 주식을 가지고 있는 증권사나 다른 사람에게 증거금을 낸 후 주식을 빌려서 팔았다가, 주가가 떨어지면 주식을 다시 사서 갚는 투자 방법이에요.

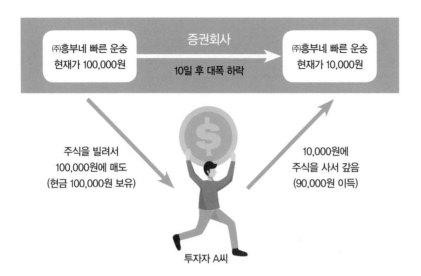

㈜흥부네 빠른 운송
현재가 100,000원

증권회사

10일 후 대폭 하락

㈜흥부네 빠른 운송
현재가 10,000원

주식을 빌려서
100,000원에 매도
(현금 100,000원 보유)

10,000원에
주식을 사서 갚음
(90,000원 이득)

투자자 A씨

공매도는 하락장에서 수익을 내는 방법이지만 개미 투자자에게는 그림의 떡이에요. 공매도를 할 수 있는 자격이 매우 까다롭고 복잡해서 개인은 거의 할 수 없거든요. 설령 개인 투자자가 공매도를 할 수 있다고 해도 기관이나 외국인보다 여러 면에서 조건이 불리하지요. 따라서 공매도는 대부분 기관이나 외국인이 해요. 그래서 공매도 제도를 '기울어진 운동장'이라고 하는 사람도 있습니다. 기관과 외국인은 하락장에서도 수익을 낼 수 있는데, 개인은 기회조차 없기 때문이지요.

이래저래 개인 투자자로서는 공매도가 좋을 건 없어요. 내가 가진 주식이 공매도 대상이 되면 주가가 하락하기 때문이지요. 그래서 개인 투자자들은 공매도 폐지를 주장해요. 실제로도 코로나19 시기처럼 주식시장이 급격히 하락할 때는 공매도를 일정 기간 없애기도 했어요.

공매도는 나쁜 것이라고 생각할 수 있지만 순기능도 있어요. 예를 들어 어떤 기업의 주가가 실제 가치보다 너무 고평가되어 있는데 계속 주가가 오른다면 어떨까요? 이럴 때 고평가된 주식은 공매도 투자자의 공격 대상이 돼요. 너무 비싸니까 주가가 떨어질 일만 남았다고 생각하기 때문이지요. 일단 공매도 대상이 되면 주가는 더 오르지 않고 떨어지게 될 거예요. 시장이 과열돼서 주가가 많이 오른 주식에 공매도가 일어나면, 과열을 식히고 주가를 떨어뜨려 제자리를 찾게 하는 효과가 있는 것이죠. 아주 높게 고평가된 주식의 거품을 덜어내는 순기능을 하는 거예요. 이런 순기능과 역기능 때문에 공매도 제도는 항상 논란의 대상이 되지요. 참고로 선진국의 많은 나라에서 공매도 제도를 시행하고 있어요.

4.

유상증자와 무상증자는 뭐고, 주가에는 어떤 영향을 주나요?

지금까지는 개인 투자자가 수익을 내기 위해 주식 투자를 하는 방법과 정보를 모으는 기준 등에 대해 알아보았어요. 이번에는 기업이 주식시장을 어떻게 활용하는지를 살펴볼 거예요. 주식시장을 통해 기업은 자금을 조달해요. 그런데 그냥 처음 한 번 주식을 발행한 후 그대로 쭉 쓰는 것이 아니라 중간에 유상증자나 무상증자라는 방법을 쓰지요. 기업이 이런 방법을 썼을 때 뭐가 어떻게 달라지는지를 알아야 제대로 투자할 수 있을 거예요. 이번에도 역시 ㈜흥부네 빠른 운송의 사례를 통해 알아볼게요.

유상증자

기업의 자금 조달 방법의 하나로 '유상증자'라는 것이 있어요. ㈜흥부네 빠른 운송은 주식시장에 상장하고 나서 회사 운영이 잘 되어 실적이 좋았어요. 그런데 시간이 지나자 운송 환경이 바뀌기 시작했어요. 바로 자동차가 등장한 것이죠. ㈜흥부네 빠른 운송은 지금까지 마차로 물건을 옮겼는데 자동차가 나오니 경쟁력이 사라진 거예요. ㈜흥부네 빠른 운송의 위기가 아닐 수 없지요. ㈜흥부네 빠른 운송은 이 심각한 변화에 적응하기 위해 결단을 내렸어요. 이제 마차가 아니라 자동차로 운송사업을 하기로 했지요.

문제는 자금이에요. 화물트럭을 사려면 많은 자금이 필요하니까요. ㈜흥부네 빠른 운송은 자금을 조달하는 방법을 생각해 보았어요. 먼저 은행에서 돈을 빌리는 방법이 있는데, 은행에서 돈을 빌리면 빌린 돈과 이자를 갚아야 하니까 부담스러웠어요. 다음으로는 채권을 발행하는 방법도 생각해 보았어요. 채권은 나중에 갚겠다는 증서를 발행하고 돈을 빌리는 거예요. 일정한 기간이 지나면 이자와 원금을 다 갚아야 해요. 은행에서 빌리는 것과 마찬가지로 채권을 발행하면 이자와 원금을 갚아야 하니까 부담스러운 건 마찬가지였어요. 방법을 찾다가 원금과 이자를 갚지 않고도 자금을 조달할 방법을 알게 되었어요. 그게 바로 유상증자예요.

유상증자의 '유상'은 공짜가 아니라 돈을 받는다는 뜻이고, 증자(增資)에서 '증'은 늘린다는 것이고, '자'는 자본을 뜻해요. 유상증자는 말 그대로 주식을 더 많이 발행해서 자본을 늘린다는 뜻이에요. 쉽게 말해 기존에 있던 주식 외에 새로운 주식을 더 발행해서 돈을 받고 파는 거예요. 기업은 주식을 새로 발행한 만큼 자금을 조달할 수 있고, 빌린 것이 아니기 때문에 원금과 이자를 갚지 않아도 되는 좋은 점이 있지요. 유상증자가 결정되면 기업은 기존에 있던 주식에다가 새로운 주식을 더 발행해요. 새로 발행한 주식이라는 뜻으로 '신주'라고 부르지요. 이때 발행한 신주를 누구에게 파느냐가 중요한데, 신주 배정 방법에는 세 가지가 있어요.

첫 번째는 주주배정이에요. 주주배정은 말 그대로 기존에 주식을 가지고 있는 사람에게만 새로 발행한 주식을 살 기회를 주는 방식이에요. 그러니까 이미 ㈜흥부네 빠른 운송의 주식을 가진 사람만 신주를 살 수 있죠.

두 번째는 일반공모가 있어요. 일반공모는 주주배정과 달리 아무나 유상증자에 참여할 수 있다는 뜻이에요. 보통 일반공모 방식으로 유상증자를 하면 주주배정 방식보다 주가가 떨어져요. 일반공모는 아무나 참여할 수 있으니 기존 주주로서는 굳이 그 주식을 가지고 있어야 할 의미가 없어지기 때문이지요. 내가 주식을 가지고 있으나 없으나 권리가 똑같다면 굳이 주식을 새로 살 이유가 없어지는 거예요. 그래서 일반공모 방식으로 유상증자를 하면 주가에는 안 좋은 재료, 즉 악재가 돼서 주가가 떨어질 가능성이 커요.

세 번째는 제3자 배정이에요. 일반적으로 자기 자신을 '제1자'라고 하고, 자기와 관계가 있는 사람을 '제2자'라고 해요. '제3자'는 나와 아무 관련이 없는 사람을 말해요. 만약 회사라면 제1자는 회사예요. 제2자는 회사의 주식을 가지고 있는 기존 주주를 말해요. 그러면 제3자는 회사도 주주도 아닌 다른 사람이 되겠죠? 따라서 '제3자 배정'이라는 것은 회사와 주주가 아닌 특정한 사람에게 새로운 주식을 배정한다는 뜻이에요. 이럴 때는 주식을 배정받는 주체, 즉 제3자가 누구인지가 중요해요. 자금력이 풍부하고, 기업의 발전에 도움이 되는 제3자라면 주가에는 호재가 될 거예요. 따라서 제3자 배정일 경우에는 어떤 주체가 배정에 참여하는지를 잘 살펴보아야 해요. 제3자 배정은 특수한 경우에 사용하기 때문에 흔한 경우는 아니에요.

기업마다 다르지만 보통 유상증자를 하면 기존 주식 수의 30% 정도를 더 발행해요. 주식 수가 30% 늘어나는 것이기 때문에 주가도 그 정도로 떨어지지요. 이렇게 되면 기존 주주는 손해라고 생각할 수 있지만, 꼭 그렇지는 않아요. 신주를 발행할 때 현재 주가보다 30% 정도를 싸게 발행하기 때문이에요. 유상증자로 주가가 떨어져도 새로운 주식을 30% 싸게 살 수 있는 거죠. 그래서 유상증자를 하면 겉으로 보기에는 주가가 떨어져 손해 보는 것 같지만, 사실은 주가가 떨어져도 새로 배정받은 주식을 싸게 사서 주식 수를 늘릴 수 있으니 손해도 이익도 아닐 수 있어요.

일반적으로 유상증자 후에는 단기적으로 주가가 떨어져요. 유상증자는 이미 있던 주식에 새로운 주식을 더 발행하여 투자금을 모으는 방식이라서, 유상증자한 만큼 전체 주식 수가 늘기 때문이에요. 뭐든지 값어치가 있으려면 많은 것보다는 적은 게 좋잖아요? 주식도 마찬가지예요. 그러나 일시적인 주가 하락이 있어도 기업 실적만 좋다면 어느 정도 시간이 지난 후에는 제자리를 찾아가요. 주가는 항상 실적에 따라 제자리를 찾아가게 되어 있으니까요.

사실 투자자가 주목해야 할 것은 유상증자 자체보다는 유상증자하는 이유예요. 만약 유상증자의 목적이 ㈜흥부네 빠른 운송처럼 새로운 공장을 짓고, 기계를 들여오는 등 새로운 생산활동을 위한 투자라면 주가는 오히려 올라갈 수 있어요. 회사가 유상증자를 통해 더 많은 것을 생산하고 더 발전하기 위한 투자라서 그래요. 유상증자로 확보한 자금으로 생산활동에 투자하면 기업의 이익은 늘어날 것이고, 기업의 이익이 늘어난 만큼 주주에게 그 이익이 돌아갈 테니 주가도 자연스럽게 올라가겠지요.

그런데 유상증자의 목적이 단순히 기업을 운영하는 데 필요한 자금을 모으기 위한 것이거나, 은행에서 빌린 돈을 갚기 위한 것이라면 주가는 떨어져요. 당장 기업을 운영할 돈도 없을 만큼 자금 사정이 안 좋다는 뜻이기 때문이지요. 이때 하는 유상증자는 "나는 돈이 없어서 회사 운영도 제대로 못 해요"라고 모든 사람에게 고백하는 셈이에요. 따라서 이런 기업의 유상증자에는 참여하면 안 돼요.

유상증자는 기업의 자금 조달을 위한 방법이지만 주가에 미치는 영향이 매우 크기 때문에 투자자라면 유상증자의 방식과 목적을 꼼꼼히 따져 볼 필요가 있어요.

무상증자

유상증자가 돈을 받고 주식을 발행하는 것이라면, '무상증자'는 돈을 받지 않고 공짜로 주식을 나누어 주는 걸 말해요. 기업들은 보통 100% 무상증자를 하는데, 현재 주식의 100%를 공짜로 주니까 처음의 2배가 되지요. 만약 주식을 100주 보유하고 있었다면 100% 무상증자 후에는 100주를 공짜로 더 받아서 200주가 되는 거예요.

어떤가요? 기업의 무상증자로 내가 가진 주식이 공짜로 2배나 늘어나니까 좋겠지요? 그런데 세상에 공짜는 없답니다. 주식 수가 2배로 늘어나는 대신 주가는 50% 깎이기 때문이에요. 예를 들어 주가가 1만 원인 기업의 주식 10주를 가지고 있다고 생각해 볼게요. 이 기업이 100% 무상증자를 하면 주식 수는 2배로 늘어나 20주가 되고, 주가는 1만 원에서 50% 깎여 5,000원이 돼요. 무상증자해도 기업의 시가총액에는 아무런 변화가 없지요.

	현재가	보유 수량	총액
무상증자 전	10,000원	10주	100,000원
무상증자 후	5,000원	20주	100,000원

그럼 기업은 왜 이런 무상증자를 할까요? 기업이 무상증자하는 이유는 주식 수를 늘리고, 주가는 싸게 만들어서 많은 사람이 주식을 거래하도록 만들기 위해서예요. 주식을 사고파는 양을 '거래량'이라고 하는데, 거래량이 많다는 것은 사람들의 관심이 그만큼 많다는 것을 의미해요. 일반적으로 거래량이 적고, 주가가 높으면 사람들의 관심은 멀어지게 마련이거든요. 그런데 무상증자를 하면 주식 수는 늘어나고 주가는 떨어져요. 이렇게 되면 많아진 주식을 예전보다 싸게 거래할 수 있기 때문에 사람들의 관심은 많아지고, 자연스럽게 거래량이 늘게 되지요. 이런 점 때문에 무상증자 후에는 주가가 오르는 경향이 있어요.

권리락

유상증자나 무상증자를 하면, '신주배정기준일'을 정해서 그날 주식을 보유하고 있는 주주에게만 새로 발행하는 주식을 받을 수 있는 권리를 주어요. 사람들은 주식을 샀다 팔았다 하기 때문에 주식을 가졌었던 모든 사람들에게 권리를 줄 수는 없어요. 만약 어떤 기업의 신주배정기준일이 8월 8일이라고 하면, 8월 8일에 주식을 가지고 있으면 신주를 배정받을 수 있어요. 그런데 주식을 매수하면 결제가 되는 시간이 2 거래일이 필요해요. 그래서 8월 8일에 주식을 보유하고 있으려면 실제로는 2 거래일 전인 8월 6일에 주식을 사거나 보유하고 있어야 해요. 8월 7일에 주식을 산 사람은 신주를 받을 수 없어요. 따라서 8월 7일에 주식을 사는 사람은 신주를 받을 수 있는 권리가 떨어지는(락, 落) 권리락이 발생해요. 이것을 표로 정리하면 아래와 같아요.

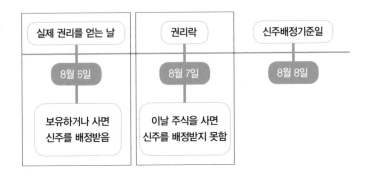

5.
보통주와 우선주는 뭐고, 어떻게 다른가요?

가끔 주식 종목을 검색하다 보면 종목명은 같은데 종목명 끝에 '우'가 들어 있는 주식을 발견할 수 있을 거예요. 예를 들면 '삼성전자'와 '삼성전자우'처럼 말이지요. 이 두 종목은 같은 기업이지만 서로 다른 주식이에요. '삼성전자'처럼 종목명만 있는 주식을 '보통주'라고 하고, '삼성전자우'처럼 종목명 뒤에 '우'가 붙어 있으면 '우선주'라고 불러요.

보통주　　보통주는 우리가 알고 있는 일반적인 주식이에요. 보통주는 주주의 권리를 모두 가진 주식이라서 주주총회에도 나갈 수 있고 의결권도 있어요. 주식시장에서 거래되는 주식 대부분은 보통주라고 생각하면 돼요.

우선주   우선주는 보통주와는 다르게 주주의 권리를 행사할 수는 없는 특수한 주식이에요. 우선주의 주주는 주주총회에 참석할 수 없고, 주주로서의 의결권도 없어요. 대신 우선주는 보통주보다 배당을 더 챙겨줘요. 배당을 보통주보다 '우선'해서 챙겨준다고 해서 이름도 '우선주'예요. 보통주와 구별하기 위하여 기업명 뒤에 '우'를 넣어서 표시하지요. '삼성전자우, 현대차우, 현대차2우B' 등은 모두 우선주예요.

그럼 기업에서는 왜 우선주를 발행할까요?

㈜흥부네 빠른 운송은 사업이 잘돼서 남들이 부러워할 만한 알짜 기업이 되었어요. 사업이 잘되면 잘될수록 투자할 자금도 더 많이 필요해졌지요. 이번에 해외 운송사업까지 새로 시작했거든요. 화물트럭도 더 사고, 물류창고도 더 만들어야 해요.

㈜흥부네 빠른 운송에서는 자금 조달을 위해 유상증자로 주식을 더 발행하려고 했어요. 그런데 평소에 경영권을 노리던 사람들이 유상증자로 발행하는 신주를 싼값에 대량으로 매수해서 경영권을 차지하려고 할 게 불 보듯 뻔했어요. 기업이 주식을 더 발행하면 자금을 끌어들일 수 있다는 장점이 있지만, 발행한 주식 수만큼 주주가 늘기 때문에 주주의 권리를 분산시키는 결과를 가져오기도 하거든요. 회사 경영에 참여할 수 있는 사람은 발행한 주식 수만큼 더 많아지고, 기존 대주주의 경영권은 그만큼 더 약해지는 것이죠. 자칫하면 경영권을 잃을 수도

있어요.

결국 ㈜흥부네 빠른 운송은 유상증자 대신 새로운 자금 조달 방법을 찾아야 했어요. 그래서 찾은 답이 바로 우선주 발행이에요. 우선주는 주주의 권리를 인정하지 않기 때문에 경영권에 영향을 주지 않으면서도 자금을 조달할 수 있으니까요. 우선주를 아무리 많이 갖고 있어도 주주총회조차 참여할 수 없으니 기업 경영권에는 어떤 영향도 미칠 수 없어요. 결과적으로 ㈜흥부네 빠른 운송은 우선주를 발행해서 기업의 자금도 조달하고, 경영권도 방어할 수 있었어요.

우선주에 투자하려면 몇 가지 특징을 기억해야 해요. 주주의 권리를 주지 않기 때문에 일반적으로 우선주는 보통주보다는 싸게 거래돼요. 또 발행하는 주식 수가 적어서 주가의 변동이 심하지요. 갑자기 크게 오르거나 떨어질 수도 있으니 주의해야 해요. 만약 주주의 권리보다 좀 더 많은 배당을 원한다면 우선주에 투자하는 것도 나쁘지 않아요.

6

액면분할은 뭐고, 왜 하나요?

흔히들 삼성전자를 '국민주식'이라고 해요. 실제로 우리나라 국민 중 약 500만 명이 삼성전자 주식을 가지고 있다고 하니까 대부분의 주식 투자자들이 삼성전자를 가지고 있다고 해도 과언이 아니지요. 삼성전자 주식을 누구나 가질 수 있게 된 데는 주가가 7만 원 정도로 비교적 싸다는 것도 한몫했어요. 원래 삼성전자 주식은 이렇게 싸지 않았거든요. 2018년 5월 4일에 실시한 액면분할 이전에는 1주당 250만 원이 넘었어요. 삼성전자 주식 1주를 사려면 250만 원이 필요하니 가격이 부담스러워서 선뜻 사지 못하는 사람들이 많았지요. 그러다가 액면분할로 삼성전자 주가가 5만 원이 되자 너도나도 사게 되었고 거래량도 늘게 된 거예요. 삼성전자가 250만 원에서 5만 원으로 낮아질 수 있었던 것은 '액면분할'이라는 것을 했기 때문이에요.

액면분할의 원리

액면분할을 하면 어떻게 주가가 낮아지는지 알아볼게요. 액면분할
은 주식의 액면가를 일정한 비율로 나누는 거예요. 예를 들어 액면가가
1,000원인 주식을 100원짜리 10개로 나누는 거지요. 마치 1,000원짜리
지폐 1장을 100원짜리 동전 10개로 만드는 것과 같은 이치예요. 이렇게
하면 액면가는 1,000원에서 100원으로 줄어들고, 주식 개수는 1장에서
10장으로 늘어나게 돼요.

액면분할의 실제

㈜흥부네 빠른 운송의 액면가는 1,000원이고, 현재 주가는 500,000
원이라고 가정해 볼게요. 이 주식을 10분의 1로 액면분할을 해서 50만
원인 주가가 5만 원으로 거래될 수 있도록 해 볼 거예요. 먼저 액면가
를 분할해요. 액면가는 위에서 설명한 것과 같은 방식으로 하면 돼요.
1,000원인 액면가를 10분의 1로 분할하면 액면가는 1,000원에서 100원
으로 낮아지고, 1,000원짜리 주식 1장은 100원짜리 주식 10장이 되지요.

액면가 분할

그런데 주식은 액면가로 거래하는 것이 아니라 현재가로 거래한다고 앞에서 얘기했었어요. 따라서 현재가도 액면가와 똑같은 방법으로 나누어요. ㈜흥부네 빠른 운송의 현재가인 50만 원을 10분의 1로 분할하면 5만 원으로 낮아지고, 대신 50만 원짜리 주식 1장은 5만 원짜리 주식 10장이 되지요.

현재가 분할

액면분할을 하면 주가가 낮아진 비율만큼 주식 수가 늘어나기 때문에 총액에는 아무런 변화가 없어요. 다만 주가는 낮아지고, 주식 수는 늘어날 뿐이에요. 액면분할은 높은 주가를 낮추어서 누구나 쉽게 거래할 수 있도록 해 주지요. 이렇게 액면분할을 하면 주식의 가격이 싸지니까 거래가 활발하게 이루어지고, 거래량도 늘어나는 효과가 있어요. 삼성전자가 250만 원일 때보다는 5만 원일 때 더 많은 사람이 살 수 있으니 거래가 활발해지고, 거래량도 많이 늘어나게 되겠지요.

액면분할은 주식시장에서 꽤 자주 발견할 수 있어요. 여러분이 잘 아는 카카오도 액면가 500원이던 주식을 100원으로 분할했지요. 그러자 당시 50만 원이었던 주식이 10만 원으로 떨어졌어요. 일반적으로 액면분할을 한다고 하면 거래가 활발하게 이루어질 것이라는 기대감 때문에 액면분할 이후의 주가는 오르는 경향이 있어요. 따라서 액면분할은 주가에는 긍정적인 호재로 작용한다고 할 수 있어요.

ㄱ.
전자공시는 뭐고, 왜 꼭 보라고 하나요?

혹시 새로 이사 갈 집이나 아파트 모델하우스에 방문해 본 적이 있나요? 만약 이사 갈 집을 산다면 집이 있는 위치는 어디고, 몇 층이고, 집의 구조는 어떻게 생겼는지 등을 꼼꼼히 살펴보아야 할 거예요. 반대로 집을 판다면 집을 살 사람들을 위해서 집을 공개하고, 언제든지 방문해서 볼 수 있도록 해야겠지요. 주식시장에 상장한 기업도 마찬가지예요. 주식을 상장한다는 것은 기업의 소유권을 공개적으로 파는 것과 같아요. 그래서 상장한 기업은 회사의 경영상태나 중요한 정보를 '전자공시'라는 시스템을 통해서 의무적으로 공개해야 해요.

전자공시에는 경영상태를 투자자에게 알리기 위한 사업보고서, 재무제표가 잘 작성되었는지를 알려주는 감사보고서, 실적발표, 액면분할, 유상증자, 관리종목 지정 등 기업의 모든 경영활동을 알 수 있는 정보가 들어 있어요. 전자공시는 전자공시 홈페이지(dart.fss.or.kr)에서 확인할 수 있는데, 요즘은 네이버 금융이나 증권사 거래 앱을 통해서도 전자공시 시스템에 쉽게 연결할 수 있어요.

전자공시는 기업의 중요한 정보를 공식적으로 알려주는 통로예요. 주가에 영향을 주는 많은 정보가 이곳에 공개돼요. 따라서 주식 투자자는 자신이 투자하는 기업의 정보공시를 살펴보는 습관이 필요하지요.

네이버 금융에서 볼 수 있는 전자공시 자료

주식 투자의 정석

I.
기술적 분석

　만약 타임머신을 타고 미래에 다녀올 수 있다면 미래에서 무엇을 가져오고 싶나요? 현실에서는 불가능한 일이지만, 영화 속에서는 미래로 간 주인공이 주가를 적어 놓은 책을 가져오는 장면이 있었어요. 영화 속 주인공처럼 미래의 주가를 미리 알 수 있다면 그야말로 대박이겠지요. 사실 주식 투자자라면 누구나 미래의 주가를 알고 싶어 할 거예요. 그냥 생각만 하는 게 아니라 실제로 많은 전문가가 미래의 주가를 예측하기 위해 다양한 노력을 하고 있어요. 지금부터 소개하려는 기술적 분석은 이런 노력 끝에 탄생한 주가 예측 기법이에요.

　기술적 분석은 과거와 현재에 나타난 여러 가지 자료를 토대로, 일정한 규칙이나 흐름을 발견해서 주가를 예측하는 방법이에요. 그래서 기술적 분석에서 중요한 것은 주가에 나타난 여러 자료지요. 이러한 자료를 '지표'라고도 불러요. '기술적'이라는 말에서 감이 오듯이 기술적 분석은 자료에 나타나는 현상을 기계적으로 해석하는 것이라고 할 수 있어요. 기계는 감정 없이 사실을 있는 그대로 해석하잖아요? 기술적 분석도 사람의 감정을 빼고, 주가의 변화에 나타나는 현상과 지표만을 보고 기계처럼 해석하는 것을 말해요.

기술적 분석을 하는 이유는 크게 두 가지로 나눌 수 있어요. 하나는 주가의 현재 위치를 파악해서 매매 타이밍을 잡는 것이고, 다른 하나는 주가의 흐름을 알아서 미래의 주가가 어떻게 될지를 예측하는 거예요. 조금 더 자세히 알아볼게요.

첫 번째는 주가의 현재 위치를 파악하여 매매 타이밍을 잡는 경우예요. 누구나 주식을 살 때는 싸게 사고, 주식을 팔 때는 비싸게 팔고 싶어 해요. 기술적 분석은 현재 주가의 객관적인 위치를 확인할 수 있도록 도와줘요. 주식을 사려는 사람은 기술적 분석을 통해 현재 주가의 위치를 살펴보고, 주가가 싼 위치에 있다고 판단되면 매수하는 거지요. 반대로 주식을 팔려는 사람은 주가가 비싼 위치에 있다고 판단되면 매도할 거예요. 이처럼 기술적 분석은 주식을 사고파는 타이밍을 잡는 데 많이 사용해요.

두 번째는 주가의 흐름을 파악하여 상승세와 하락세를 확인하고, 이에 따라 주가가 앞으로 어떻게 흘러갈지를 판단하는 거예요. 흔히들 주가는 강물처럼 큰 흐름을 탄다고 말해요. 일정하게 반복되는 사이클이 있다고도 하지요. 만약 어떤 주식이 계속 올라가는 흐름이면 주가가 '상승세를 타고 있다'라고 하고, 계속 내려가면 '하락세를 타고 있다'라고 해요. 또 크게 오르지도 내리지도 않는 구간을 '횡보한다'라고 하지요. '횡보'는 옆으로 걷는다는 뜻이에요.

사람들은 기술적 분석을 통해 내가 가진 주식이 상승세를 타고 있는지, 아니면 하락세를 타고 있는지를 알아봐요. 만약 내 주식이 상승세를 타고 있다면 주가는 더 오를 것이기 때문에 팔지 않고 계속 가지고 있어야 해요. 반대로 하락세라면 빨리 주식을 팔아야겠지요. 앞으로 더 떨어질 수도 있으니까요. 주식을 사려는 사람도 마찬가지예요. 주가가 상승세를 보인다면 사야 하고, 대세 하락이면 하락을 멈추고 상승할 때까지 기다렸다가 사는 게 좋을 거예요. 이처럼 기술적 분석은 주가의 흐름을 보고 미래의 주가를 예측할 수 있도록 돕는 역할을 해요.

기술적 분석은 과거에 일어난 여러 가지 자료를 분석해서 일정한 규칙이나 패턴을 찾아내 확률이 더 높은 쪽을 선택하는 것이라고 할 수 있어요. 그러나 예측은 어디까지나 예측일 뿐 정확한 것이 아니라서 기술적 분석으로 주가의 미래를 100% 맞출 수는 없어요. 그러니 기술적 분석을 전적으로 믿기보다는 주가의 현재 위치와 앞으로의 흐름을 살펴보는 보조 자료로 활용하는 것이 좋아요.

2.

주가차트

기술적 분석을 위해 여러 가지 자료를 활용하는데, 그중 가장 기본
이 되는 자료가 '주가차트'예요. 매일매일 바뀌는 주가의 변화와 거래
량 등을 기록해 놓은 그래프라고 생각하면 되지요. 자세히 알아볼게요.

주가차트의 종류

일반적으로 주가차트는 선 그래프와 막대그래프 형식이 있어요.

첫 번째는 선차트예요. 선차트는 매일매일 바뀌는 주가의 변화를
선그래프로 나타낸 주가차트로, 미국에서 많이 사용해요. 종가, 즉 장
이 끝날 때의 가격을 기준으로 점을 찍은 후 선으로 쭉 연결한 것이지
요. 선차트는 주가의 흐름을 한눈에 파악하기 쉽다는 장점이 있어요.

선차트 〈출처: 야후 파이낸스〉

두 번째는 봉차트예요. 봉차트는 매일매일의 주가 변화를 막대그래프로 나타낸 주가차트로, 우리나라와 일본에서 많이 사용해요. 주가차트의 모양이 촛불과 비슷하다고 해서 '캔들차트'라고 부르기도 해요. 봉차트는 주가의 시가, 종가, 장중 가격의 변화 등을 자세하게 알 수 있다는 장점이 있어요.

다음은 삼성전자의 주가차트예요. 화면의 구성을 보면 막대 모양의 캔들이 있고, 선 모양의 이동평균선이 있어요. 그리고 화면 맨 아래에는 주식의 거래량이 있지요. 앞으로 자세히 알아볼 예정이니 일단은 이런 것이 있다는 것만 알아도 괜찮아요.

봉차트 〈출처: KB증권〉

주가차트를 보고 해석하는 기술적 분석에는 추세분석, 패턴분석, 심리적 분석 등이 있어요. 추세분석은 차트를 통해 주가의 전체적인 흐름을 파악한 후 주가가 상승세를 타는지 하락세를 타는지를 살펴보고 앞으로의 방향을 예측하는 것을 말해요. 패턴분석은 차트에서 일정한 규칙을 찾아 앞으로의 주가를 예측하는 거예요. 지금까지 자주 일어났던 규칙, 즉 패턴이 앞으로도 반복될 것이라고 보는 것이죠. 심리적 분석은 주가차트에 나타난 여러 자료를 살펴보고 주식에 대한 사람들의 심리를 파악해서 주가를 예측하는 거예요. 주가를 예측하고 싶은 사람들이 많은 만큼이나 다양한 분석 방법이 있지만, 이 책에서는 가장 기본적이고 객관적인 기술적 분석을 소개할게요.

3.

양봉과 음봉

먼저 우리나라에서 주로 사용하는 봉차트에 대해 알아볼게요. 주가 차트를 처음 본다면 뭐가 뭔지 많이 헷갈릴 테지만 외우지 않아도 괜찮아요. 계속 반복되기 때문에 어느 순간 저절로 익숙해지니 당황하지 말고 그냥 보세요. 봉차트는 주가의 변화를 보여 주기 위해 막대 모양의 봉에 색깔, 굵기, 길이로 표시해요. 하루 동안의 주가 변화를 막대 그래프로 그리면 '일봉', 일주일이면 '주봉', 한 달이면 '월봉', 일 년이면 '연봉'이라고 불러요. 기간에 따라 이름을 붙이면 되지요.

색

봉차트는 주가가 오르고(상승) 내리고(하락)를 빨간색과 파란색으로 표시해요. 참고로 미국의 경우 초록색이 상승이고, 빨간색이 하락이에 요. 우리와는 반대니까 주의하세요. 주식시장이 열리고 처음 시작할 때 의 가격을 '시가', 끝날 때의 가격을 '종가'라고 불러요.

양봉   시가와 종가를 비교해서 시가가 종가보다 오르면 빨간색으로 표시하고, '양봉'이라고 불러요.

음봉   시가와 종가를 비교해서 시가가 종가보다 내리면 파란색으로 표시하고, '음봉'이라고 불러요.

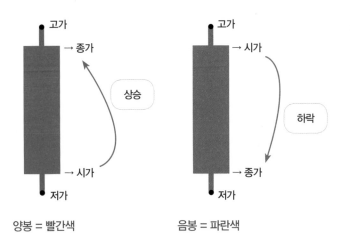

양봉 = 빨간색   음봉 = 파란색

굵기

몸통	시가와 종가 사이를 굵게 표시하고, '몸통'이라고 불러요.
꼬리	시가와 종가를 벗어난 가격을 가늘게 표시하고, '꼬리'라고 불러요. 꼬리는 위 꼬리와 아래 꼬리가 있어요.

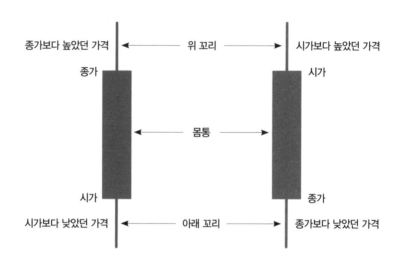

길이

가격 변화의 폭이 크면 길게, 가격 변화의 폭이 작으면 짧게 표시해요. 시가보다 가격이 크게 오르면 빨간색으로 길게 그리는데, 마치 긴 막대기인 장대 같다고 해서 '장대양봉'이라고 불러요. 반대로 시가보다 가격이 크게 떨어지면 파란색으로 길게 그리고, '장대음봉'이라고 불러요. 길이는 가격의 변화에 따라 다양해져요.

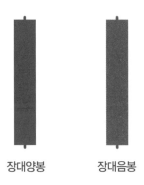

장대양봉   장대음봉

봉차트 해석하기 – 양봉

봉차트를 보면 오늘 주가의 흐름이 어땠는지를 알 수 있어요. 먼저 색을 보세요. 빨간색이죠? 빨간색은 양봉이고, 양봉은 시가보다 종가가 올랐다는 뜻이에요. 10,000원으로 시작했는데, 하루 중 가장 낮았을 때는 9,000원까지 떨어졌다가 가장 높았을 때는 12,000원까지 올랐고, 11,000원으로 거래를 마쳤다는 것을 알 수 있어요.

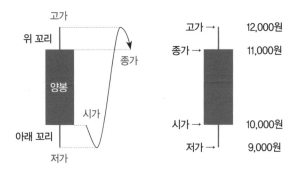

양봉의 해석

〈출처: KB증권〉

　양봉은 주가가 시가보다 종가가 더 올랐다는 뜻이니까, 주식을 사는 힘이 파는 힘보다 더 강한 상황이에요. 시간이 가면 갈수록 비싸더라도 주식을 사는 사람들이 많았기 때문에 주가가 올라서 양봉이 되는 거지요. 양봉은 하나보다는 연속해서 나타날 때 더 큰 의미가 있어요. 계속해서 주식을 사는 매수세가 더 세다는 뜻이니까요. 그림 ㉯를 보면 3일 연속해서 양봉이 발생했어요. 주식을 사는 힘이 3일 연속 더 셌다는 거지요. 이처럼 양봉이 연속적으로 나타나면 앞으로 주가가 오를 가능성이 크다고 예측해요. 주식 투자에서는 사려는 세력의 힘을 '매수세', 팔려는 세력의 힘을 '매도세'라고 표현해요. 우리는 지금 실제 주식 투자에 대해 알아보고 있으니 앞으로는 이 용어를 사용할게요.

몸통 길이

몸통의 길이를 보면 매수세와 매도세의 힘의 차이를 알 수 있어요. 양봉은 매수세가 큰 경우예요. 특히 장대양봉은 매수세가 매우 컸다는 것을 의미해요.

장대양봉

긴 막대기 모양인 장대처럼 생겼다고 해서 몸통 길이가 긴 양봉을 '장대양봉'이라고 불러요. 그림 ㉯처럼요. 장대양봉은 시가보다 종가가 매우 높았다는 뜻이에요. 시간이 지나면 지날수록 매수세가 매우 세져서 강한 가격 상승이 일어

난 것이죠. 따라서 장대양봉이 나타나면 앞으로의 주가를 긍정적으로 볼 수 있어요. 매수세가 강하게 들어와서 주가를 끌어올렸으니까요.

꼬리 길이

꼬리의 길이를 보면 시장이 열려 있는 동안, 즉 장중 주가의 흐름을 알 수 있어요.

위 꼬리가 긴 양봉(그림 ㉮)

위 꼬리가 길다는 것은 처음에는 매수세가 매우 커 시가보다 가격이 많이 올랐다가, 시간이

지남에 따라 매도세가 매우 강해지면서 가격이 떨어졌다는 뜻이에요. 다행히 양봉으로 마쳤지만 단기적으로 주가에 긍정적인 신호라고 볼 수는 없어요. 참고로 긴 꼬리 음봉이면 주가는 더 안 좋을 가능성이 커요.

아래 꼬리가 긴 양봉(그림 라)

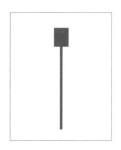

위 꼬리가 긴 양봉과 반대예요. 아래 꼬리가 길다는 것은 처음에는 매도세가 강해져 시가보다 많이 떨어졌다가, 시간이 지남에 따라 다시 매수세가 강해지면서 주가를 많이 끌어올렸다는 뜻이에요. 뚝 떨어졌다가 확 올랐다는 건 뭔가 원인이 있겠죠? 그래서 이럴 때는 단기적으로 주가가 상승할 거라고 볼 수 있어요.

봉차트 해석하기 - 음봉

파란색은 음봉이고, 음봉은 시가보다 종가가 떨어졌다는 뜻이에요. 10,000원으로 시작했는데, 하루 중 가장 높았을 때는 11,000원까지 올랐으나 이후 하락하여 8,000원까지 떨어졌다가, 9,000원으로 거래를 마쳤다는 것을 알 수 있어요.

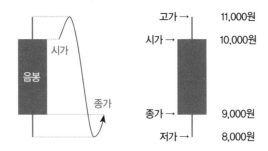

음봉의 해석

〈출처: KB증권〉

　음봉은 주가가 시가보다 종가가 더 떨어졌다는 뜻이니까 주식을 파
는 매도세가 주식을 사는 매수세보다 더 셌다는 거겠죠? 시간이 가면
갈수록 싸게라도 팔려는 매도세가 많아지기 때문에 주가가 내려가 음
봉이 되는 거예요. 그림 ㉯를 보면 3~5일 연속해서 음봉이 발생했어요.

싸게라도 팔려는 매도세가 며칠이나 계속해서 더 많았다는 거지요. 음봉 역시 이렇게 연속적으로 나타나면 앞으로 주가가 좋지 않을 가능성이 크다고 예측해요. 이 기업의 상황을 좋지 않게 보는 사람이 연속해서 나타나는 것이니까요.

몸통 길이

몸통의 길이를 보면 매수세와 매도세의 힘의 차이를 알 수 있어요. 음봉은 매도세가 큰 경우예요. 특히 장대음봉은 매도세가 매우 컸다는 것을 의미해요.

장대음봉(그림 ㉮, 그림 ㉰)

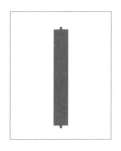

몸통 길이가 긴 음봉을 '장대음봉'이라고 불러요. 그림 ㉮처럼요. 장대음봉은 시가보다 종가가 매우 낮다는 뜻이에요. 장대음봉이 발생했다는 것은 시간이 지나면 지날수록 이 주식을 안좋게 보고 팔려는 매도세가 훨씬 세져서 강한 가격 하락이 일어난 것이죠. 따라서 그림 ㉰처럼 장대음봉이 연속해서 나타나면 앞으로의 주가는 안 좋게 흐를 수 있어요.

꼬리 길이

꼬리의 길이를 보면 시장이 열려 있는 동안, 즉 장중 주가의 흐름을 알 수 있어요.

위 꼬리가 긴 음봉(그림 ㉯)

위 꼬리가 길다는 것은 처음에는 이 주식을
긍정적으로 보는 매수세가 매우 커 가격이 많이
올랐으나, 시간이 지남에 따라 매도세가 매우 강해
서 시가보다도 아래로 떨어졌다는 뜻이에요. 단
기적으로 주가가 하락한다는 신호일 수 있어요.

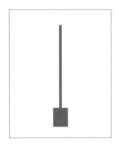

봉차트의 다양한 봉 모양

봉의 모양은 시가와 종가, 그리고 하루 동안의 주가 변화에 따라 다
양해요. 이 모양을 보고 현재 주가의 상황과 미래 주가의 모습을 예측
하기도 하지요. 여러분도 다양한 캔들을 보면서 매수세와 매도세의 상
황을 예측해 보세요.

양봉의 모양   음봉의 모양

봉차트는 기간에 따라 이름이 달라요. 하루 동안의 주가 변화를 나타낸 봉차트는 '일봉'이라고 불러요. 일주일 동안의 흐름은 '주봉'이라고 하지요. 주봉의 시가는 월요일 주가이고, 종가는 금요일 주가예요. 주봉의 해석도 일봉과 같아요. 만약 주봉이 양봉이라면 주 초반의 주가보다 주 후반의 주가가 더 올랐다는 뜻이에요. 주봉이 음봉이라는 것은 양봉과 반대로 주 초반의 주가보다 주 후반의 주가가 더 떨어졌다는 뜻이지요. '월봉'과 '연봉'도 있어요. 보통 일봉은 단기, 주봉은 중기, 월봉 이상은 장기적인 주가의 흐름을 파악할 때 활용해요.

4.

이동평균선

생각만 해도 끔찍하겠지만, 매일 수학시험을 본다고 가정해 볼게요. 오늘 성적이 80점이라면 시험을 잘 본 걸까요? 못 본 걸까요? 오늘 점수 하나만으로는 비교할 수가 없을 거예요. 상황을 바꿔 볼게요. 5일 동안의 평균이 74점이라면 어떤가요? 이때는 비교할 수 있는 대상이 있으니 오늘 본 80점이 좋은 점수인지 아닌지를 금방 알 수 있지요. 이렇게 평균을 알면 현재의 점수가 높은지 낮은지 어느 위치에 있는지를 알 수 있어요.

주가도 마찬가지예요. 주가도 매일매일 새로운 가격이 형성되기 때문에 주가의 평균을 알면 현재의 주가가 어느 위치에 있는지를 알 수 있어요. 이런 주가의 평균을 나타낸 것이 '이동평균선'이에요. 그냥 평균이라고 하지 않고, 이동평균선이라고 부르는 이유가 있어요. 주가는 매일매일 새로 형성되고, 당연히 주가의 평균도 매일 새롭게 바뀌어요. 시간이 많이 지나면 매일의 평균이 선처럼 쭉 그려지면서 앞으로 이동하기 때문에 이렇게 부르는 거예요. 이동평균선은 주가차트에 선그래프로 나타내기 때문에 쉽게 확인할 수 있어요.

이동평균 구하는 법

이동평균선은 시험 점수의 평균을 구하는 것과 같아요. 예를 들어 5일 이동평균선을 구해 볼게요. 5일 이동평균선이란 5 거래일 동안 주가(종가 기준)의 평균을 의미해요. 만약 5 거래일 동안 종가가 10,000원, 9,000원, 11,000원, 11,500원, 12,000원이었다면 5일 이동평균선은 이 5일 동안의 주가를 모두 더해서 5로 나눈 값이에요. 따라서 5일 이동평균선은 10,700원이 되지요.

예) 5일 이동평균선 구하는 법

10,000 + 9,000 + 11,000 + 11,500 + 12,000 = 53,500

53,500 ÷ 5 = 10,700

이동평균선은 기간에 따라 그 종류가 달라져요. 5일 동안의 주가 평균을 내면 5일 이동평균선이 되고, 20일 동안의 평균을 내면 20일 이동평균선이 되지요. 얼마든지 다양하게 만들 수 있는데 보통은 5일, 10

일, 20일, 60일, 120일, 240일처럼 의미 있는 날들을 기준으로 설정해서 사용해요. 어떤 의미가 있는지 볼게요.

5일 이동평균선은 1주일 동안의 주가 평균이에요. 원래 1주일은 7일이지만 토요일과 일요일은 거래가 없으니 순수한 거래일은 5일이에요. 20일 이동평균선은 1달을, 60일 이동평균선은 분기별 주가 평균을 나타내요. '분기'는 1년을 3달씩 4개로 나누어서 부르는 말이에요. 1~3월은 1분기, 4~6월은 2분기, 7~9월 3분기, 10~12월 4분기이지요. 분기를 이렇게 자세히 알아보는 이유는 경제에서 중요한 개념이라서 그래요. 일반적으로 기업 실적이나 경제 지표, 계획 등을 분기별로 발표하지요. 그 외에도 1월~6월까지는 '상반기', 7월~12월까지는 '하반기'라고 해요. 120일 이동평균선은 6개월을 나타내요. 이동평균선은 필요에 따라 자유롭게 날짜를 변경해서 사용해도 돼요. 반드시 이렇게 기간을 나누라는 법은 없답니다.

5일 이동평균선 = 1주일

10일 이동평균선 = 2주일(반달)

20일 이동평균선 = 1달

60일 이동평균선 = 3달(1분기)

120일 이동평균선 = 6달(반년)

240일 이동평균선 = 1년

이동평균선 중에 5일, 10일, 20일 이동평균선은 비교적 짧은 기간의 주가 흐름을 알 수 있는 것이라서 '단기 이동평균선'이라고 불러요. 60일, 120일은 조금 긴 기간의 주가 평균을 나타내기 때문에 '중기 이동평균선'이라고 불러요. 240일 이동평균선은 '장기 이동평균선'이라고 할 수 있어요. 이동평균선은 모바일 트레이딩 시스템인 MTS에서 자유롭게 설정할 수 있어요. 선그래프로 주가차트에 표시하고, 기간에 따라 색깔을 다르게 해서 다른 이동평균선과 구별하지요. 이동평균선의 색깔도 사용자가 자유롭게 선택할 수 있지요.

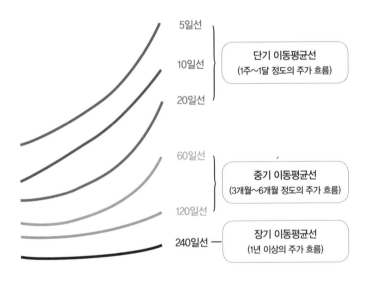

이동평균선의 해석

〈출처: KB증권〉

현재 주가가 이동평균선 위에 있을 때(그림 가)

주가가 이동평균선보다 위에 있으면 이 기간에 주식을 산 사람들은 모두 이익을 보고 있다는 뜻이에요. 예를 들어 현재 주가가 5일 이동평균선 위에 있다면, 5일 동안 이 주식을 산 사람들은 평균적으로 모두 이익을 본 것이죠. 현재 시험 점수가 평균보다 높다는 것은 모든 과목의 성적이 평균적으로 평균보다 높아야 하는 것과 같아요.

현재 주가가 이동평균선 아래에 있을 때(그림 나)

반대로 주가가 이동평균선보다 아래에 있으면 이 기간에 주식을 산 사람들은 모두 손해를 보고 있다는 뜻이에요. 예를 들어 현재 주가가 5일 이동평균선 아래에 있다면, 5일 동안 이 주식을 산 사람들은 평균적으로 모두 손해를 본 것이죠. 현재 시험 점수가 평균보다 낮다는 것은 모든 과목의 성적이 평균적으로 평균보다 낮다는 것과 같은 이치예요.

일반적으로 주가가 이동평균선 위에 있으면 상승을, 아래에 있으면 하락을 의미해요. 위의 주가차트에서 ㉮는 5일 이동평균선 위에서 주가가 형성되고 있어요. 이렇게 주가가 이동평균선 위에 있으면 '강세시장'이라고 해요. 시험을 계속 잘 봐서 시험 성적의 평균이 계속해서 높아지는 것과 같아요. 반면에 ㉯처럼 주가가 이동평균선 아래에 있으면 '약세시장'이라고 해요. 시험을 볼 때마다 시험 점수가 하락해서 평균이 계속 떨어진다고 할 수 있어요.

　가장 많이 참고하는 5일, 20일, 60일, 120일 등의 기간별 이동평균
선이 어떤 모양으로 있느냐에 따라서도 주가의 흐름을 알 수 있어요.
나란히 배열되어 있다거나, 어떤 선과 어떤 선이 엑스(x) 자로 교차되는
모양들이 모두 다른 의미가 있어요. 이런 일이 생겼을 때 주식 시장이
어떻게 바뀌는지, 어떻게 투자에 활용해야 하는지에 초점을 맞춰서 보
면 재미있을 거예요.

〈출처: KB증권〉

정배열

만약 이동평균선이 맨 위에 5일, 그 밑에 20일, 60일, 120일 순으로 나란히 있다면 이를 '정배열'이라고 해요. 이동평균선이 정배열이라는 것은 주가가 계속해서 꾸준히 상승하고 있다는 것을 의미해요. 주가의 큰 흐름이 계속해서 올라가는 형국이라서 '상승추세'라고 하지요.

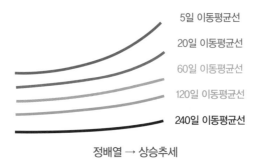

정배열 → 상승추세

역배열

정배열과 반대로 5일 이동평균선이 가장 아래에 있고, 120일 이동평균선이 가장 위에 있다면 '역배열'이라고 해요. 역배열은 시험 점수 평균이 계속해서 낮아지는 것과 같아요. 주가가 지속적으로 하락하고 있다는 것을 의미하고, '하락추세'라고 해요.

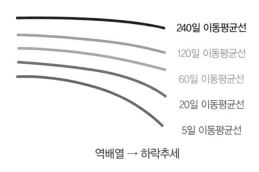

역배열 → 하락추세

골든크로스

단기 이동평균선이 장기 이동평균선을 뚫고 올라가는 것을 '골든크로스'라고 해요. 골든크로스는 하락하던 주가가 상승으로 방향을 바꾸면서 일어나요. 시험을 계속 못 보다가 최근에 연속해서 잘 보면서 지금까지의 평균을 넘어서게 되는 것과 같아요. 이렇게 주가가 하락하다가 상승으로 바뀌면 단기 이동평균선이 하락을 멈추고 상승으로 방향을 바꾸면서 장기 이동평균선을 돌파하게 돼요. 이럴 때 단기 이동평균선이 장기 이동평균선과 교차하는 지점을 '골든크로스'라고 하지요.

다음 그림에서처럼 5일 이동평균선이 20일 이동평균선을 뚫고 올라가는 거예요. 골든크로스가 생겼다는 것은 주가가 하락을 멈추고 상승으로 전환한다는 것을 의미해요. 또 이 기업에 대해 안 좋게 생각하던 많은 사람의 인식이 다시 좋게 바뀌었다는 뜻이기도 하지요. 주가가 하락추세에서 상승추세로 바뀌는 것을 의미하기 때문에 앞으로 주가가 더 오를 가능성이 커요.

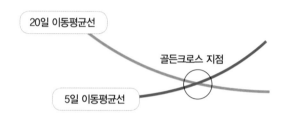

데드크로스

데드크로스는 골든크로스와 반대예요. 다음 그림처럼 단기 이동평균선인 5일 이동평균선이 장기 이동평균선인 20일 이동평균선을 아래로 뚫고 내려가는 거지요. 이때 만나는 지점을 '데드크로스'라고 해요. 데드크로스는 주가가 계속해서 떨어지면서 장기 이동평균선을 뚫고 내려간다는 뜻이에요. 시험을 계속 못 봐서 시험 성적이 예전 평균보다도 낮아졌다는 뜻이에요. 데드크로스는 주가가 상승을 멈추고 지속적

으로 하락하고 있다는 뜻이라 앞으로 주가가 더 떨어질 가능성이 매우
커요.

6

거래량

거래량은 주식이 거래된 양을 말해요. 예를 들어 1,000원짜리 주식 1,000주를 누군가가 팔고, 누군가가 이 주식을 사면 주식 1,000주가 거래된 것이죠. 이때 사고판 1,000주가 '거래량'이에요.

〈출처: KB증권〉

거래량은 주가차트 아랫부분에 봉차트로 나타내는데, 거래량이 많으면 앞의 그림 ㉮, ㉯, ㉰처럼 긴 막대그래프를 그려요.

거래량의 해석

거래량을 보면 그 주식에 대한 사람들의 관심도를 알 수 있어요. 거래량이라는 것은 실제로 주식을 사고판 양을 말하는데, 어떤 주식에 대해 그냥 관심에서 그치는 게 아니라 행동으로 실천한 결과라고 할 수 있지요. 따라서 거래량은 아주 적극적인 의사 표현이며, 거래량이 많으면 그 주식에 관심이 많다는 것을 의미해요. 반대로 거래량이 적다는 것은 그 주식에 관심이 적다는 것을 의미하겠죠? 이처럼 거래량을 잘 살펴보면 사람들의 관심과 심리를 읽을 수 있어요. 그럼 이제 거래량과 주가의 관계를 사례별로 알아보기로 해요.

거래량이 많고 주가가 상승할 때

일반적으로 주가가 오르면서 거래량도 늘어나면 앞으로 주가가 상승할 확률이 높아요. 주가가 오르려면 주식을 사려는 사람이 많아야 해요. 사는 사람과 파는 사람이 만나야 거래가 되는데, 너도나도 사고 싶어 하니 가격이 오르게 되는 거죠. 주식이 비싸졌는데도 불구하고 사려는 사람이 더 많다는 뜻이기도 해요. 따라서 주가가 상승하면서 거래량도 늘어나면 주가가 상승할 거라고 믿는 사람이 많고, 생각에서 그치는 게 아니라 실제로 주식을 사는 사람이 많다는 것을 의미해요. 그래서 앞으로도 주가가 계속 상승할 확률이 높아요.

거래량이 갑자기 많아질 때

위의 주가차트에서 그림 ㉮, ㉯, ㉰는 모두 평소보다 거래량이 증가했어요. 거래량이 갑자기 변화했다는 것은 이 주식에 좋은 일이든 안 좋은 일이든 무언가 커다란 변화가 생겼고, 사람들의 관심이 갑자기 이 주식에 쏠렸다는 것을 의미해요. 따라서 갑자기 거래량이 바뀌면 앞으로 이 주가에 변화가 일어날 가능성이 큰 것이죠.

일반적으로 그림 ㉮와 ㉯처럼 거래량이 급증하고, 주가가 오르는 양봉일 때는 주가가 오를 가능성이 커요. 주식이 오를 것으로 생각한 사람들이 많이 들어와 주식을 샀기 때문이에요. 반대로 그림 ㉰처럼 긴 장대음봉과 함께 대량의 거래가 발생하면 주가가 떨어질 가능성이 매우 커요. 많은 사람이 이 주식을 안 좋게 보고 대량으로 팔아 버렸다는 뜻이거든요.

거래량은 사람들이 주식을 사고파는 행동을 숫자로 표현한 것과 같아요. 따라서 거래량을 보면 사람들이 그 주식을 바라보는 관심과 심리, 투자 자세 등을 직접적으로 확인할 수 있고, 신뢰할 수 있는 자료로 활용할 수 있어요.

7.

[주식의 종류 I] 대형주 VS 중소형주

주식시장에는 크고 작은 많은 기업이 상장되어 있어요. 상장이 뭔지에 대해서는 앞에서 이야기했는데, 혹시 기억나지 않으면 앞쪽을 얼른 한 번 더 읽어보고 오세요. 이번에는 주식시장에 상장된 기업을 크기에 따라 나누어 보고, 기업의 크기와 주가가 어떤 상관관계가 있는지 알아보기로 해요.

기업의 크기

기업이 크다는 말을 반대로 생각해 보면 작은 기업도 있다는 뜻이겠죠? 그렇다면 기업의 크기를 나누는 기준은 뭘까요? 주식에서의 기준은 '시가총액'이에요. 시가총액은 주식시장에 상장된 주식의 수와 주가를 곱한 것으로, 시가총액이 높을수록 기업이 크고 가치도 높다고 봐야 해요.

대형주

시가총액을 기준으로 1위부터 100위까지를 '대형주'라고 해요. 대형주에는 우리나라를 대표하는 삼성전자, sk하이닉스, 네이버, 카카오, 현대차, LG전자, 포스코 같은 기업들이 있어요.

중형주

시가총액 101위부터 300위까지는 '중형주'라고 해요.

소형주

시가총액 301위부터는 '소형주'라고 해요.

중소형주

중형주와 소형주를 합해서 '중소형주'라고 해요.

기업의 크기에 따라 주가의 모습도 달라요. 먼저 대형주는 시가총액이 크기 때문에 주가의 움직임이 무거워요. 대형주는 마치 물이 가득 담긴 커다란 무쇠솥과 같아요. 커다란 무쇠솥에 있는 물을 데우려면 오랫동안 불을 지펴야 하고, 물이 식는 데도 그만큼 오래 걸리겠지요. 대형주의 주가 모습도 이와 비슷해요. 대형주는 덩치가 크기 때문에 주가를 올리거나 내리려면 많은 거래량과 거래대금이 필요하지요. 그래서 대형주의 주가는 갑자기 오르거나 내리지 않고 변동폭도 작아요. 예를 들어 삼성전자 같은 대형주가 5% 올랐다면 어마어마하게 많이 올랐다고 할 수 있어요.

대형주는 시가총액이 큰 만큼 주식시장에서 차지하는 비중이 높아서 종합주가지수에 미치는 영향력이 커요. 시가총액 1위인 삼성전자의 주가에 따라 코스피 지수도 달라질 정도거든요. 대형주는 일반적으로 개인보다는 기관이나 외국인이 많이 거래해요.

중소형주는 시가총액이 작아서 주가의 움직임도 가벼워요. 대형주가 커다란 무쇠솥이라면 중소형주는 작은 냄비와 같아요. 작은 냄비의 물은 짧은 시간에 데울 수 있고, 금방 식지요. 중소형주의 주가 모습도 이와 비슷해서 호재와 악재에 민감하게 반응하고, 주가의 변동폭도 커요. 똑같은 호재가 생겼을 때 대형주가 2~3% 오른다면, 중소형주는 5~10% 혹은 그 이상 오를 수도 있지요. 중소형주는 단기간에 많은 수익과 손실이 생길 수 있어서 주가의 변화에 빠르게 대응할 수 있는 단기 투자자에게 적합해요. 우리가 잘 모르는 기업도 많고, 가격 변동폭도 크기 때문에 중소형주에 투자하려면 많은 주의가 필요해요. 진짜 잘 아는 기업이거나, 확실한 성장성이 보장되는 기업 외에는 투자하지 않는 것이 좋아요.

코스피200과 코스닥150

시가총액을 기준으로 우리나라 대표 기업들을 모아 놓은 주가지수가 있는데, 코스피200과 코스닥150이 그 주인공이에요. 코스피200은 코스피 시장에 상장된 기업 중에서 시가총액 200위 안에 드는 기업을 모아서 만든 주가지수예요. 코스닥150은 코스닥에 상장된 기업 중에서 시가총액 150위 안에 드는 기업을 모아서 만든 주가지수예요. 코스피200과 코스닥150은 우리나라를 대표하는 350개 기업이라고 할 수 있어요.

어떤 기업이 코스피200과 코스닥150에 들어가면 그 기업의 주가에 좋은 영향을 주어요. 거래량이 많은 기관과 외국인은 여기에 편입된 주식을 주로 거래하기 때문에 먼저 기관과 외국인의 투자자금이 유입되지요. 기관과 외국인은 코스피200과 코스닥150에 편입된 기업의 주식을 일정 비율 의무적으로 매수해야 하는 규정도 있어요. 그래서 코스피200에 편입된다는 소식이 전해지면 주가는 올라요.

그뿐만이 아니에요. 코스피200이나 코스닥150은 각종 펀드와 ETF의 기초지수가 돼요. 나중에 알아보겠지만 '펀드'와 'ETF'라는 것이 있는데, 하나의 기업이 아니라 여러 기업을 묶어서 투자하는 거예요. 코스피200에 투자하는 펀드나 ETF는 코스피200에 들어 있는 기업의 주식에만 투자하는 것이죠. 그래서 코스피200에 편입되면 주가가 올라요. 반면에 여기에서 편출되면(빠지면) 주가가 떨어지게 되는 것이죠. 따라서 여러분이 가지고 있는 주식이 코스피200과 코스닥150에 편입되어 있는지 관심을 가지고 지켜볼 필요가 있어요. 코스피200과 코스닥 150은 6월과 12월, 1년에 두 번 바뀌어요. 이때 편입되는 주식은 오르고, 편출되는 기업의 주가는 떨어질 가능성이 커요.

8.

[주식의 종류 2] 경기방어주 VS 경기민감주

경기는 '경제가 돌아가는 기운'이라는 뜻으로 모든 경제활동을 통틀어서 말하는 거예요. 경제활동이 활발하게 잘 돌아가면 '경기가 좋다'라고 하고, 경제활동이 잘 돌아가지 않으면 '경기가 나쁘다'라고 해요. 주식에서도 경기가 좋고 나쁨에 따라 주가가 민감하게 반응하는 기업과 그렇지 않은 기업으로 나눌 수 있어요.

경기민감주

경기민감주는 말 그대로 경기에 따라 주가가 민감하게 반응하는 업종의 주식을 말해요. 경기가 좋아지면 주가가 오르고, 경기가 나빠지면 주가가 떨어져요. 대표적인 업종으로는 해운, 조선, 철강, 화학, 정유,

건설, 기계, 자동차, 반도체 등이 있어요.

이 업종들은 왜 경기에 민감할까요? 대표적으로 해운과 조선을 살펴보면 그 해답을 찾을 수 있어요. 해운업은 배로 물건을 옮기는 업종이에요. 우리나라는 원자재를 수입한 후 물건을 만들어서 외국으로 수출하는 경제구조를 가지고 있어요. 경기가 좋아지면 수출과 수입이 활발해지고, 그만큼 바쁘게 돌아다녀야 하니 해운업 실적이 좋아질 거예요. 해운업 실적이 좋으면 배를 만드는 조선업도 자연스럽게 실적이 좋아지겠죠? 이렇게 되면 주가도 많이 오르게 되지요. 반대로 경기가 안 좋으면 수출과 수입이 크게 줄어들고, 해운회사의 실적도 나빠질 거예요. 이렇게 되면 주가도 많이 떨어지게 돼요.

경기민감주에는 생산활동의 기본 재료가 되는 업종이 많아요. 예를 들면 철강은 배나 자동차를 만드는 데 없어서 안 되는 기본 재료이고, 화학이나 정유도 마찬가지로 모든 물건을 만들 때 필요한 재료들이에요. 경기민감주는 경기가 좋으면 생산활동이 왕성하게 일어나고, 그에 따라 기업의 실적이 늘어나면서 주가도 많이 올라요. 반대로 경기가 안 좋으면 생산활동은 줄어들게 되고, 실적이 나빠져서 주가도 많이 떨어지게 되지요. 이처럼 경기민감주는 경기에 따라 주가 변화가 심하게 나타난다는 특징을 가지고 있어요.

그렇다면 경기민감주는 언제 투자하는 게 좋을까요? 경기민감주는 경기에 민감하게 반응하기 때문에 무엇보다도 경기의 변화에 신경을 써야 해요. 경기민감주에 투자하기 좋을 때는 앞으로 경기가 좋아질 조

짐이 보이거나, 세계 무역활동이 활발하게 일어날 때일 거예요. 우리나라는 수출 위주의 경제구조를 가진 국가라서 경기민감주의 비중이 매우 높은 편이라는 걸 기억해 두세요.

경기방어주

반면에 경기방어주는 경기가 좋든 나쁘든 늘 한결같은 종목으로, 경기의 영향을 거의 받지 않는 주식을 말해요. 대표적인 업종으로 음식료, 통신, 전기, 가스, 의약품 등이 있어요. 이들 대부분은 경기와는 상관없이 반드시 소비해야 하는 소비재들이에요.

이 업종들은 왜 경기에 둔감할까요? 경기방어주는 경기와 상관없이 소비되기 때문이에요. 음식료품은 경기와는 상관없이 반드시 먹어야 해요. 아무리 경제가 어려워도 먹을 것을 안 먹을 수는 없잖아요. 통신과 의약품도 마찬가지예요. 경기에 상관없이 스마트폰은 사용해야 하고, 아프면 약을 먹어야 하지요. 이처럼 경기방어주는 주로 일상생활에 꼭 필요한 생활필수품과 관련된 종목이 많아요. 생활필수품은 경기와 상관없이 모든 사람이 꼭 사용해야 하는 것이라서 경제가 나빠져도 기업의 실적은 꾸준히 괜찮아요. 그래서 경기방어주의 주가는 변동폭이 그다지 크지 않지요. 늘 꾸준히 사용하지만 그렇다고 갑자기 사용자가 늘어나지도 않으니까요. 경기가 좋아진다고 세 끼 먹던 사람이 갑자기 열 끼를 먹지는 않는 것과 같아요. 따라서 경기방어주의 주가는 변동폭이 작고 매우 안정적이에요.

　그렇다면 경기방어주는 언제 투자하는 게 좋을까요? 일반적으로 경기방어주는 경기가 안 좋거나, 금리가 올라가거나, 물가가 많이 오르는 인플레이션이 일어날 때 진가를 발휘해요. 경기가 안 좋은데도 불구하고 경기방어주는 꾸준히 실적을 낼 수 있고, 사람들의 관심도 주가가 많이 떨어지는 경기민감주에서 주가가 안정적인 경기방어주로 옮겨오기 때문이지요.

9.

[주식의 종류 3] 성장주 vs 가치주

신체의 성장 정도에 따라 사람을 어린이와 어른으로 나누듯이, 주식도 성장 가능성을 기준으로 성장주와 가치주로 나눌 수 있어요.

성장주

먼저 성장주를 볼까요? 성장주는 현재의 가치보다 미래의 가치가 더 높게 평가받는 주식이에요. 성장주는 여러 면에서 어린이와 많이 닮았어요. 어린이는 장래가 촉망되고, 성장할 가능성이 무궁무진하지요. 그러나 어린이의 미래는 명확하지 않아서 불안정하기도 해요. 또 어린이는 당장 돈을 많이 버는 것도 아니에요. 오히려 성장을 위해서 투자를 더 많이 해야 하지요. 미래가 불확실한 대신 잘 성장하면 크게 될 수

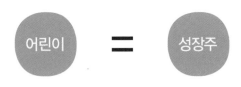

	장점	단점
어린이	미래가 기대돼요.	미래가 불확실해요.
성장주	성장할 가능성이 무궁무진해요.	투자를 많이 해야 해요. 당장 돈을 많이 벌지는 못해요.

있어요.

초기의 카카오를 보면 성장주의 대표적인 모습을 알 수 있어요. 카카오톡이 나오기 전에는 사람들이 문자를 보낼 때 따로 돈을 내야 했어요. 카카오톡이 나오면서 문자를 공짜로 보낼 수 있게 되니 많은 사람들이 카카오톡을 이용했지만, 정작 카카오 회사는 돈을 벌지 못했어요. 카카오톡이 무료라서 수익이 없었던 거죠. 오히려 카카오톡을 운영하기 위해 많은 돈을 투자해야만 했지요. 회사는 수익을 내지 못하고 계속 적자만 보고 있었지요. 그런데 이렇게 적자만 나는 기업인 카카오에 많은 사람이 투자하기 시작했어요. 왜 그랬을까요?

지금 당장 카카오가 돈을 벌지는 못하지만, 전 국민이 이용하는 서비스인 만큼 앞으로 카카오톡을 이용한 사업의 성장 가능성을 높이 샀기 때문이에요. 실제로 카카오톡이 전 국민이 이용하는 서비스가 되자,

카카오게임즈나 카카오뱅크 등으로 서비스를 확장하면서 성장하게 되었지요. 일반적으로 성장주는 현재보다는 미래의 가치를 더 중요하게 생각하기 때문에 주가가 비싸요. 실적만 따진다면 시작할 때의 카카오는 적자 기업이니까 절대로 사면 안 되는 주식이에요. 하지만 카카오는 성장주이기 때문에, 그 성장 가능성을 믿는 사람들이 적자 기업인 카카오에 투자한 거예요.

성장주는 전기차, 수소차, 자율주행, 2차전지, 인공지능, 반도체, 항공우주, 바이오, 인터넷, 정보통신기술 등 주로 미래 산업에 관련된 것이 많아요. 지금은 비록 수익을 내지 못하지만 앞으로 발전할 수 있다는 꿈과 희망이 큰 산업들이지요.

성장주는 높은 성장성이라는 장점과 더불어 미래가 불확실하다는 단점도 있어요. 만약에 카카오톡이 지금처럼 성공하지 못했다면, 카카오에 투자한 사람들은 큰 손해를 봤을 거예요. 가능성은 가능성일 뿐이니까요. 투자자 입장에서 성장 가능성이 큰 기업이 실제 성공으로 이어지면 좋겠지만 그렇지 못하면 큰 손실을 보게 되는 거죠. 그러나 주식은 기본적으로 미래를 보고 투자하는 것이라서, 주식의 속성과 성장주는 성격이 잘 맞는다고 할 수 있어요.

성장주는 경기가 좋을 때나 금리가 낮고, 시중에 돈이 많을 때 투자하면 좋아요. 계속 투자가 필요한 성장주로서는 금리가 낮으면 이자 비용을 줄일 수 있고, 경기가 좋으면 기업이 성장하기에 유리하기 때문이에요.

가치주

다음은 가치주예요. 가치주는 성장주와 반대라고 생각하면 쉬워요. 가치주는 이미 다 성장한 기업을 말해요. 성장주가 어린이와 닮았다면 가치주는 어른 같은 주식이지요. 성장주가 미래의 성장에 주목하는 주식이라면, 가치주는 현재의 실적에 더 비중을 두는 주식이에요. 가치주는 이미 성장을 다 해서 안정적인 상태이니까요.

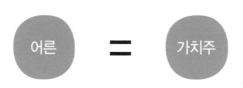

	장점	단점
어른	안정적이에요.	미래의 발전 가능성이 작아요.
가치주	현재의 기업 실적이 좋아요. 투자를 많이 하지 않아도 돼요.	주가의 성장 가능성이 작아요.

가치주로 가장 대표적인 기업이 코카콜라예요. 코카콜라는 이미 성장을 다 했다고 볼 수 있어요. 많은 사람이 좋아하고, 기업 실적도 꾸준하지요. 그렇다고 코카콜라의 실적이 폭발적으로 늘어나는 일은 잘 일어나지 않을 거예요. 그러나 코카콜라가 갑자기 망하지도 않을 거예요.

가치주의 대표적인 업종으로는 은행, 보험, 석유화학, 철강, 건설, 자동차 등이 있어요. 이 기업들은 성장주에 비하면 안정적이라고 할 수 있어요. 예를 들어 은행은 새로 투자할 것이 많지 않아요. 앞으로도 지금 있는 은행 그대로 영업하면 되니까요. 이처럼 가치주는 많은 투자가 필요하지 않은, 이미 성공한 기업인 경우가 많아요.

가치주는 경기가 안 좋고, 금리가 높을 때 주가가 오르는 경향이 있어요. 가치주는 이미 투자를 다 했기 때문에 돈을 빌릴 필요가 없으니 금리가 높아도 이자 부담이 없어요. 또 경기가 안 좋아도 어느 정도 일정하게 기업의 실적이 나오지요.

요즘은 성장주와 가치주를 명확하게 구분하기 어려운 경우도 많아요. 성장주였다가 가치주가 되기도 해요. 예를 들어 자동차가 처음 세상에 나왔을 때는 아마 성장주였을 거예요. 그러나 지금 자동차는 가치주예요. 반대로 가치주가 다시 성장주가 되기도 하지요. 요즘 자동차 관련 기업을 보면 전기차를 만들고, 자율주행 연구를 많이 하고 있어요. 전기차와 자율주행은 모두 미래의 발전 가능성을 가진 대표적인 성장주예요.

10

[주식의 종류 4] 배당주

'배당'이란 주식을 가지고 있는 주주에게 기업이 낸 수익 일부를 나누어 주는 것을 말해요. 기업의 주인은 주주예요. 주주는 기업에 돈을 대고, 기업은 이 돈으로 사업을 해서 수익을 내며, 여기서 나오는 수익금을 다시 주주에게 돌려주는 거지요. 이때 받는 돈을 '배당금'이라고 하는데 보통 1주당 수익금을 배당해 주어요.

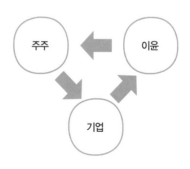

배당금은 기업 수익의 일부를 주주에게 나누어 주는 돈이라서, 이익이 나는 기업에서만 실시해요. 적자가 나는 기업은 배당하지 않지요. 배당하는 금액도 기업마다 달라요. 어떤 기업은 배당을 많이 주고, 어떤 기업은 이익이 나도 배당하지 않기도 하지요. 배당주는 배당을 적극적으로 주는 기업의 주식을 말해요. 배당을 얼마나 주는지를 알려면 '배당성향'과 '배당수익률'을 알아야 해요.

배당성향과 배당수익률

배당성향과 배당수익률을 알아보기 위해 ㈜흥부네 빠른 운송의 사례로 설명해 볼게요. 다음 표는 ㈜흥부네 빠른 운송의 현재 주가와 주식 수, 배당성향, 배당수익률 등이에요.

흥부네 빠른 운송			
현재 주가	10,000원	배당수익률	2%
주식 수	1,000주	배당락	12월 30일
배당성향	20%	배당기준일	12월 31일
순이익	1,000,000원		

배당성향

먼저 배당성향은 전체 수익에서 주주에게 돌려주는 금액을 퍼센트로 나타낸 거예요. 예를 들어 ㈜흥부네 빠른 운송의 배당성향이 20%이고, 여러 가지 회사 운영에 필요한 비용을 뺀 순이익이 100만 원이라면 배당성향은 100만 원의 20%인 20만 원이에요.

배당수익률

배당수익률은 현재 주가에 대비해서 1주당 얼마만큼의 배당금을 주는지를 알기 위한 거예요. ㈜흥부네 빠른 운송 주주에게 돌려주는 배당금의 총금액은 20만 원이에요. 그런데 이 20만 원을 주주 개인에게 돌려줘야 하니 1주당 얼마를 줘야 할지를 계산해야 하겠죠? 총금액인 20만 원을 전체 주식 수로 나누면 되지요.

> 1주당 배당금 = 총 배당금 ÷ 주식 수

위의 표에서 보면 ㈜흥부네 빠른 운송의 주식 수는 1,000주니까 200,000÷1,000을 하면 1주당 배당금은 200원이네요. 이 200원을 현재 주가로 나누어서 백분율로 나타낸 것이 배당수익률이에요.

> 배당수익률 = 1주당 배당금 ÷ 현재 주가

㈜흥부네 빠른 운송의 배당수익률을 볼까요? 1주당 배당금이 200원이고, 현재 주가가 10,000원이니까 200÷10,000을 하면 0.02예요. 여기에 백분율을 위해 100을 곱하면 2%가 되지요. 따라서 ㈜흥부네 빠른

운송의 배당수익률은 2%예요.

배당기준일과 배당락

기업이 배당을 하기로 하면 어느 기준 일을 정해서 그날 주식을 보유하고 있는 주주에게만 배당을 주어야 해요. 사람들은 주식을 샀다가 팔았다가 하기 때문에 그동안 주식을 가졌었던 모든 사람들에게 배당을 줄 수 없기 때문이지요. 배당기준일은 이처럼 기업에서 배당을 실시할 때 배당을 받을 주주를 결정하는 날이에요. 흥부네 빠른 운송의 배당기준일이 12월 31일이기 때문에 12월 31일 현재 흥부네 빠른 운송 주식을 보유한 주주는 배당을 받을 수 있어요.

그런데 주식을 샀다고 해서 바로 내 주식이 되는 것이 아니라, 내가 산 주식이 실제로 내 소유가 되기까지 처리하는 기간이 2거래일이 필요해요. 그래서 12월 31일 흥부네 빠른 운송의 주주가 되기 위해서는 2거래일 전인 12월 29일에는 주식을 사야 해요. 그래야 2거래일 뒤인 12월 31일에 주식을 소유하게 되지요. 따라서 배당락은 주식을 사도 배당을 받지 못하는 날을 알려주는 거예요. 배당락은 말 그대로 배당을 받을 권리가 떨어진다는(락, 落) 뜻이거든요. 흥부네 빠른 운송의 배당락은 12월 30일이기 때문에 12월 29일에 주식을 사서 보유하고 있으면 배당을 받고, 배당락일인 12월 30일에 주식을 사면 배당을 받을 수 없어요. 따라서 배당락일을 기준으로 배당을 받고 못 받는 권리의 차이가 생기기 때문에 배당락일을 기준으로 주가도 차이가 나요. 당연히 배당을 받을 수 있는 날인 12월 29일의 주가가 더 높을 거예요.

일반적으로 배당락이 지나면 배당수익률만큼 주가가 떨어져요. 배당이 목적인 사람은 배당을 받기 위해서 배당락 전에 주식을 살 거예요. 그러면 주가는 자연스럽게 오르게 되지요. 그런데 배당이 확정되면 더 이상 주식을 가지고 있을 이유가 없으니까 배당락 일에 주식을 팔기도 해요. 그러면 주가는 자연스럽게 배당락 전에 오른 만큼 떨어지는 현상이 생기게 되는 거지요. 배당금을 주는 시기는 모두 달라요. 어떤 기업은 1년에 한 번 주기도 하고, 어떤 기업은 분기별로 나누어서 주기도 해요. 배당금을 많이 주는 기업을 '주주 친화 기업'이라고 해요. 기업의 이익을 주주에게 많이 돌려준다는 뜻이지요. 배당주에 투자하고 싶다면 몇 가지 살펴볼 것이 있어요.

첫째, 어떤 기업에서 배당금을 많이 주는지를 봐야 해요. 일반적으로 가치주에서 배당을 많이 해요. 가치주는 수입 구조가 안정되어 있고, 성장주에 비하면 새로 투자할 게 많지 않아서 이익이 생기면 배당금으로 주주에게 돌려줄 수 있어요. 그러나 성장주는 적자인 기업도 많고, 설사 이익이 생겼더라도 새로 투자할 곳이 더 많아서 배당할 여력이 없지요.

높은 배당금을 주는 주식을 '고배당주'라고 하는데, 대표적인 고배당주로는 은행이나 보험회사 같은 금융주와 통신주가 있어요. 은행의 경우 시설 투자 등이 필요 없고, 기존의 시스템 안에서 영업만 하면 되기 때문에 배당을 많이 줄 수 있어요. 그런데 고배당주는 주가 상승이 크지 않아요. 주가도 많이 오르고 배당도 많이 주면 얼마나 좋을까요? 그러나 두 가지 모두를 만족하는 주식은 흔하지 않아요. 어떤 주식이 고배당주인지 궁금하다면 네이버 같은 포털 사이트에서 '고배당주'라고 검색해 보세요. 쉽게 확인할 수 있을 거예요.

둘째, 배당성향이 높고, 배당수익률이 꾸준히 증가하는 기업에 투자하는 것이 좋아요. 배당수익률이 꾸준히 증가한다는 것은 매년 배당금을 꾸준히 올린다는 의미가 되지요. 미국의 코카콜라는 60여 년 동안이나 매년 배당금을 단 1센트씩이라도 올렸고, 3M도 50년 이상 배당금을 올렸다고 하네요. 일반적으로 우리나라보다는 미국이 더 주주 친화적이기 때문에 배당금을 주는 기업이 많아요.

셋째, 주가 대비 배당금을 살펴봐야 해요. 만약 배당금으로 받는 금액보다 주가가 더 크게 떨어진다면 굳이 배당주에 투자할 필요가 없겠지요? 배당주에 투자하려면 배당으로 받은 금액이 적어도 주가의 하락폭보다는 높아야 해요.

배당주 투자는 경기가 어렵거나 전체적으로 주가가 하락할 때 안정적인 이익을 얻는 방법의 하나예요. 또 주식 투자의 위험성을 줄여주는 역할도 하지요. 따라서 여러분이 투자하는 종목에 배당주를 넣어 두는 것이 좋아요. 주식 수가 많으면 많을수록 배당금도 많아지니 배당주에 투자할 때는 주식 수를 적당히 정하는 것이 중요해요. 배당성향과 배당수익률이 좋은 배당주를 선택해서 적금하듯이 매달 꾸준히 투자해 주식 수를 늘리면 안정적인 수익을 볼 수 있을 거예요.

II

포트폴리오의 구성

포트폴리오는 자신이 보유하고 있는 주식 종목이 무엇무엇인가를 말해요. 만약 여러분이 삼성전자와 카카오, 네이버를 가지고 있다면 여러분의 포트폴리오는 삼성전자, 카카오, 네이버가 되는 것이지요. 모든 주식 투자자는 자신에게 맞는 투자 종목을 선택해서 포트폴리오를 구성해야 해요. 아무리 돈이 많아도 세상의 모든 주식을 살 수는 없으니까요.

포트폴리오 구성의 큰 원칙은 수익성과 안전성이에요. 앞에서 이야기한 것처럼 수익률이 높은 주식은 안전하지 않고, 비교적 안전한 주식은 수익이 적다는 단점이 있어요. 안타깝게도 수익성도 좋고, 위험하지도 않은 주식은 세상에 없어요. 하나가 좋으면 다른 하나는 좋지 않지요. 따라서 포트폴리오 구성은 이러한 주식의 특성을 고려해 서로 보완

할 수 있도록 섞는 것이 좋아요.

그럼 구체적으로 어떻게 포트폴리오를 구성할지 생각해 볼까요? 먼저 주식을 기업의 성격에 따라 대형주와 소형주, 경기민감주와 경기방어주, 성장주와 가치주, 그리고 배당주 등으로 나누어 보았어요.

이 주식들은 각각 특징이 있어요. 포트폴리오는 이렇게 서로 다른 성격의 주식들을 배분해서 구성할 필요가 있지요. 먼저 대형주와 소형주이에요. 대형주와 소형주도 나란히 넣으면 좋은데, 학생 투자자는 오랜 시간 투자해야 하잖아요? 장기 투자에는 대형주가 더 적합해요.

다음으로 성장주와 가치주를 많이 고민해요. 성장주와 가치주는 그 성격이 정반대인 경우가 많아요. 성장주가 오르면 가치주는 떨어지고, 가치주가 오르면 성장주는 떨어지지요. 따라서 성장주와 가치주는 함께 포트폴리오에 넣는 게 좋을 것 같아요. 여기서 문제는 비중을 어느 정도 두느냐인데요. 일반적으로 주식은 성장 가치를 중요하게 여기는 투자라서 가치주보다 성장주를 더 많이 포트폴리오에 편입하라고들 해요. 또 배당주도 포트폴리오에 추가하면 좋아요. 배당주는 대세 하락일 때 안정적으로 배당 수익을 올릴 수 있기 때문이지요. 보통 가치주와 배당주가 겹치는 경우가 많은데, 이때는 가치주 중에서 배당을 많이 하는 주식을 선택하면 조금 더 안정적으로 투자할 수 있어요.

포트폴리오에 같은 종류의 종목을 넣는 걸 피하라고 하는데, 이 말은 예를 들어 자동차라면 현대차와 기아, 둘 다 포트폴리오에 있으면 좋지 않다는 말이에요. 현대차와 기아는 같은 그룹이어서 주가의 흐름이 비슷하거든요.

포트폴리오를 구성할 때는 수익은 조금 낮추더라도 위험은 줄이는 방향으로 하는 게 좋아요. 그러려면 다양한 영역의 다양한 종목으로 구성해야 하지요. 특히 어린 투자자라면 지금 당장 얻을 수 있는 고소득보다 안정적이고 지속적인 수익률이 더 중요해요. 어른은 돈이 많으니 조금 위험하더라도 많은 돈으로 빨리 오르는 주식에 투자할 수 있지만, 어린 투자자는 그렇게 할 수 없잖아요? 그러니까 멀리 내다보고 발전 가능성과 현재 실적을 꾸준히 내는 종목을 선별해서 포트폴리오를 구성할 필요가 있어요.

: 책 속의 책 :

핫 아이템, ETF와 미국 주식

ETF(상장지수펀드)

마트에 가면 여러 종류의 과자를 묶어서 하나의 묶음 상품으로 파는 걸 봤을 거예요. 비슷한 종류의 과자를 묶기도 하고, 서로 다른 과자를 묶기도 하지요. 이렇게 묶음으로 팔면 다양한 과자를 종류별로 맛볼 수 있어서 좋아요. 주식시장에도 이 묶음과자처럼 여러 기업의 주식을 묶어서 묶음 상품으로 사고팔 수 있게 만들어 놓은 것이 있어요. 이것을 '상장지수펀드'라고 부르는데, 영어로는 ETF라고 해요. 상장지수펀드인 ETF는 Exchange Traded Fund의 줄임말이에요. 주식 묶음인 '펀드(FUND)'를 상품화해서 주식처럼 '사고팔 수(Exchange Traded)' 있도록 만든 상품이에요. 일종의 주식 묶음 상품이지요.

ETF를 이해하려면 먼저 펀드를 이해할 필요가 있어요. 펀드는 여러 사람의 자금을 모아서 주식 전문가인 펀드매니저가 투자할 종목을 골라 투자한 후 수익을 나누는 금융상품이에요. 직접 투자하지 않고 펀드매니저가 대신 투자하기 때문에 간접투자 상품이라고 할 수 있지요. 펀드는 시간을 내서 따로 상품에 가입해야 하고, 펀드를 운용하는 보수도 1% 정도를 내야 해요. 또 중간에 환매, 즉 계약을 해지하면 환매 수수료도 내야 하지요. 환매 후에도 현금을 받으려면 일주일 정도를 기다려야 해요. 일반적인 주식 투자에 비하면 시간과 절차, 비용이 많이 드는 상품이지요.

ETF는 이러한 불편함을 많이 줄인 상품이에요. ETF의 장점은 펀드인데도 불구하고 일반 주식처럼 언제나 자유롭게 사고팔 수 있다는 거예요. ETF는 따로 가입할 필요도 없고, 기존의 펀드가 일주일이나 걸리던 환매 시간도 한 번에 해결했다고 할 수 있어요. ETF마다 다르긴 하지만 운용 수수료도 일반 펀드보다 싸서 보통 0.2% 정도로 낮아요. ETF는 사실상 일반 주식과 똑같이 사고팔 수 있으니 주식 종목 중 하나라고 봐도 좋을 거예요. 다만 세금과 관련해서는 일반 주식과 다른 점이 있으니 투자 전에 살펴볼 필요가 있어요.

ETF의 종류

요즘은 정말 ETF 전성시대라고 할 만큼 많은 ETF가 나오고 있어요. ETF의 종류는 기업을 어떻게 묶느냐에 따라 달라지는데 크게 지수형, 업종/섹터지수형, 테마지수형, 해외지수형, 채권형, 통화형, 상품형 등으로 나눌 수 있어요. 사실상 전 세계에서 거래되는 거의 모든 상품이 ETF로 만들어진다고 해도 과언이 아니에요. 만약 여러분이 우리나라 코스피 대표 기업에 투자하고 싶다면 코스피200을 따라가는 ETF를 사면 되지요.

ETF 종류	내용
지수형	코스피200, 코스닥150 등 국내 대표지수 추종
업종/섹터지수형	반도체, 자동차, 2차전지 등 업종 추종
테마지수형	삼성그룹주, 고배당주, 한류주 등 테마 추종
해외지수형	미국, 중국, 일본 등 주요국 대표지수 추종
채권형	국채, 회사채, 미국 국채 등 추종
통화형	원화, 달러화 등 주요국 통화 추종
상품형	원유, 금, 은, 구리 등 상품자산 추종

〈출처: 「주린이가 가장 알고 싶은 최다질문 TOP 77」, 염승환〉

지수형	지수형 ETF는 지수를 추종, 즉 따라가게 만들었어요. 추종하는 주가지수가 오르면 해당 ETF도 같은 비율로 오르고, 추종하는 주가지수가 내리면 ETF도 같은 비율로 내려요.
업종/섹터지수형	반도체 산업처럼 특정한 업종이나 산업에 투자하는 ETF예요. 만약 우리나라 반도체를 좋게 보고 반도체 산업에 투자하고 싶다면 반도체 관련 ETF를 사면 돼요.
테마지수형	테마지수형 ETF는 특정 테마에 투자하는 ETF예요. 만약 삼성그룹이라는 테마에 투자하고 싶으면 삼성그룹만 모아 놓은 ETF에 투자하면 돼요.
해외지수형	해외지수형은 해외 주가지수를 추종하는 ETF예요. 만약 미국이나 중국에 투자하고 싶다면 미국과 중국의 대표지수를 추종하는 ETF를 사면 돼요.
기타	이 외에도 채권이나 달러화, 원유, 금, 은, 농산물 등 다양한 ETF가 있어요.

패시브 ETF와 액티브 ETF

ETF 중에서 지수를 그대로 따라가는 ETF가 있는데, 이것을 '패시브 ETF'라고 해요. 앞에서 예로 든 코스피200 ETF의 경우는 코스피200 주가지수가 오르면 오른 만큼 ETF도 그대로 올라요. 예를 들어 코스피200 주가지수가 1% 올랐다면 코스피200 관련 ETF도 1% 오르지요.

'액티브 ETF'는 주가지수를 그대로 따르지 않고, 추가로 더 수익을 내기 위해서 펀드매니저가 적극적으로 운용하는 펀드를 말해요. 예를 들어 코스피200을 추종하는 액티브 ETF라면 코스피200 종목에 다른 종목을 더 편입해서 운용하지요. 액티브 ETF는 일반적으로 패시브 ETF보다 변동성과 위험성이 더 커서 안정성이 떨어진다고 할 수 있어요. 그러나 펀드매니저가 적극적으로 투자하기 때문에 수익은 패시브보다 더 많을 수 있지요.

ETF 이름

'마구마구 스낵모음 8팩'처럼 묶음과자의 성격에 맞는 이름이 있지요? 무엇을 묶어 놓았는지에 따라 그 이름이 달라져요. 마찬가지로 ETF도 묶음의 성격에 따라 각기 다른 이름이 있어요. ETF 이름은 일정한 규칙에 따라 정해지는데, 이름을 보면 어떤 ETF인지 쉽게 알 수 있어요. 어렵게 생각할 필요 없는 것이 일반 상품과 비슷한 원리로 이름을 지어요. 위의 '크라운 마구마구 스낵모음 8팩'과 'KODEX 반도체

ETF'의 이름을 비교하면서 ETF 이름의 비밀을 알아볼게요.

스낵 만든 회사 이름 → 크라운
ETF 만든 회사 이름 → KODEX

묶음과자 성격을 반영한 이름 → 마구마구 스낵모음 8팩
ETF의 성격을 반영한 이름 → 반도체

크라운 마구마구 스낵모음 8팩

먼저 이 묶음과자를 만든 회사는 '크라운'이에요. '마구마구 스낵모음 8팩'은 이 묶음과자가 어떤 종류의 과자들로 묶여 있는지를 말해 줘요. 이것저것 스낵 8가지를 마구 섞어서 만들었나 봐요.

KODEX 반도체 ETF

먼저 이 상품을 만든 회사의 이름은 'KODEX'예요. ETF를 운용하는 회사는 각각 자신만의 이름을 가지고 있는데, KODEX로 시작하는 ETF는 삼성자산운용이 운용해요. TIGER로 시작하는 ETF는 미래에셋자산운용, KBSTAR는 KB자산운용, KINDEX는 한국투자신탁운용에서 운용한다는 뜻이에요. 이 밖에도 많은 자산운용회사에서 자신만의 회사 이름을 내걸고 ETF를 출시하고 있어요.

회사 이름 다음에 있는 '반도체 ETF'는 ETF의 성격을 말해줘요. 마

치 '마구마구 스낵모음 8팩'처럼 이 ETF가 어떤 지수나 산업을 추종하는지를 알려주지요. 정리해 보면 'KODEX 반도체 ETF'는 삼성자산운용에서 운용하고, 우리나라 반도체 기업에 투자하는 ETF라는 것을 알 수 있어요.

2.
ETF의 장점

ETF에 투자하는 사람들이 꾸준히 늘고 있어요. 그만큼 ETF만 가진 장점이 많다고 할 수 있지요. 이번에는 ETF에 어떤 좋은 점이 있어서 많은 사람들이 투자하는지 알아보기로 해요.

첫 번째, 비교적 안전해요.

ETF의 가장 큰 장점은 비교적 안전하다는 데 있어요. ETF는 여러 기업을 하나의 묶음으로 만들어서 투자하기 때문에 위험을 분산할 수 있지요. 만약 개별 종목에 투자했는데, 그 기업의 주가가 많이 떨어지거나 상장폐지라도 된다면 투자자는 큰 손실을 볼 거예요. 그러나 ETF는 여러 기업을 묶어 놓은 것이라 그중 하나의 기업이 상장폐지 되더라도 손실이 그다지 크지 않아요. 또 개별 기업의 주식은 상장폐지 되면 투자금을 돌려받을 수 없지만, ETF는 상장폐지가 되어도 그대로 다시 돌려줘요. 게다가 ETF는 펀드매니저가 따로 있어서 실적이 나쁜 기업은 ETF에서 빼내고, 기업 실적이 좋은 새로운 기업을 편입하지요. 내가 신경 쓰지 않아도 저절로 포트폴리오를 조절해 주는 셈이에요.

두 번째, 가격이 싸요.

ETF는 가격이 개별 종목 주식보다 싸요. 2차전지 관련주인 삼성SDI의 주가는 60만 원 정도인데, 삼성SDI를 담은 'TIGER 2차전지 테마 ETF'는 2만 원 정도면 살 수 있지요. 따라서 적은 돈으로 투자를 시작하는 사람들에게 적합한 투자 상품이라고 할 수 있어요.

세 번째, 개별 주식을 몰라도 해당 산업의 발전 가능성만 알면 투자할 수 있어요.

ETF는 전문가가 종목을 구성해서 운용해 주는 간접투자 상품이에요. 따라서 ETF에 속한 기업은 전문가가 알아서 포트폴리오를 조절해주지요. 개인은 단지 미래의 발전 가능성만 살펴보면 돼요. 자율주행 자동차가 곧 나오고 유망할 거라는 것은 알지만, 어떤 기업이 자율주행 관련 기업인지 잘 모를 수도 있잖아요? 이럴 때 산업의 성장성을 믿는다면 자율주행 관련 ETF를 선택하면 되지요. 저는 게임을 잘하지 못해요. 한 번도 웹툰을 본 적도 없고요. 당연히 게임회사나 웹툰회사에 대해서도 잘 몰라요. 그렇지만 게임과 웹툰 시장의 미래가 밝다고 생각하지요. 이럴 때도 역시 게임이나 웹툰 관련 ETF에 투자하면 돼요. 이처럼 개별 기업은 잘 몰라도 해당 산업의 성장에 확신이 있다면 ETF 투자가 개별 기업에 투자하는 것보다 유리해요.

네 번째, 주식뿐만 아니라 다양한 상품에 투자할 수 있어요.

ETF는 전 세계의 거의 모든 투자 상품을 다뤄요. 원유, 금, 채권, 구리, 원자재 등 정말 많은 상품에 투자하지요. 미국의 경우 비트코인에 투자하는 ETF도 있어요. 일반적으로 개인이 주식 이외의 상품에 직접 투자하려면 여러 가지 어려움이 있어요. 잘 모르기도 하고요. 이럴 때 ETF에 투자하면 주식 이외의 상품에도 쉽게 접근할 수 있지요.

다섯 번째, 세계 여러 나라와 산업에 투자할 수 있어요.

ETF 중에는 세계 여러 나라의 주가지수를 따라가는 상품도 있어서, 특정한 나라 전체를 대상으로 투자할 수도 있어요. 실제로 ETF를 검색해 보면 미국, 일본, 중국, 인도, 베트남, 유럽 등 세계 여러 나라에 투자하는 상품을 발견할 수 있어요. 이뿐만 아니라 세계 여러 나라의 구체적인 산업에도 투자할 수 있어요. 예를 들어 미국 반도체 산업이나 중국 전기차 산업 같은 특정 나라의 특정 산업에 투자하는 ETF도 많지요. 아무래도 미국 반도체나 중국 전기차 산업에 직접 투자하기는 어려울 거예요. 이때에는 관련 국가 산업 ETF를 선택하면 쉽게 투자할 수 있어요.

3

슬기로운 ETF 투자 생활

ETF는 많은 장점이 있지만, 주식과 마찬가지로 원금과 이자를 보장하지 않기 때문에 여러 가지 주의할 점이 있어요. 이번에는 ETF에 투자할 때의 주의점과 어떻게 투자하는 것이 현명할지에 대해 생각해 봐요. ETF를 검색하다 보면 '레버리지'나 '인버스' 같은 이름을 만나게 될 거예요. 이 ETF들은 특수한 상품이에요. 결론부터 말하면 레버리지와 인버스 ETF 둘 다 단기적인 수익을 목표로 하는 위험한 상품이라서 학생 투자자에게는 적합하지 않아요.

레버리지　'레버리지'라는 이름을 가진 ETF는 기초지수에 2배로 반응하지요. 예를 들어 'KODEX 레버리지'라면 원래는 코스피200을 따라가는 ETF인데 '레버리지'가 붙었기 때문에 코스피200 지수에 2배로 반응하게 돼요. 예를 들어 코스피200 지수가 1% 오르면 레버리지 상품은 2%가 오르는 식이에요. 문제는 오를 때 2배로 오르지만, 내릴 때도 2배로 떨어진다는 점이에요. 만약 코스피200 지수가 1% 떨어지면 레버리지는 2%가 떨어지지요. 따라서 레버리지 ETF는 투기적인 성향이 매우 강한 위험상품이라고 할 수 있어요. 레버리지 ETF에 투자해서 손해를 보면, 일반 ETF보다 손실폭이 2배나 더 크니 투자에 신중해야 해요.

인버스 인버스는 기초지수와 반대로 가는 ETF예요. 예를 들어 'KODEX 인버스'라면 코스피200을 기준으로 하되 코스피200 지수가 오르면 인버스 ETF는 내리고, 지수가 내리면 오히려 인버스 ETF는 올라요. 만약 코스피200 지수가 1% 오르면 인버스 상품은 1% 떨어지는 식이에요. 반대로 코스피200 지수가 1% 떨어지면 인버스 ETF는 1% 오르지요. 따라서 인버스 ETF는 주가가 내리면 내릴수록 수익을 보는 상품이에요. 보통은 단기적으로 주가가 하락할 것이라 예상될 때 이 상품에 투자하지요. 그러나 주가의 하락을 예측하는 것은 매우 어려운 일이에요. 따라서 인버스 ETF 역시 투기적인 성향이 강한 상품이라고 할 수 있어요.

올바른 ETF 투자법

알다시피 ETF는 하나의 종목이 아니라 여러 개의 종목에 투자하는 상품이에요. 따라서 ETF는 이들 종목의 평균에 투자하는 것이라고 할 수 있어요. 시험 성적도 개별 과목의 점수를 올리는 것보다 평균을 올리기가 더 어렵잖아요? 시간도 더 오래 걸리고요. ETF도 마찬가지예요. 개별 종목과 달리 ETF는 오르는 데 긴 시간이 필요해요. 따라서 ETF에 투자하려면 오랫동안 꾸준히 한다는 마음가짐이 필요해요. 발전 가능성이 있는 산업이나 국가를 선택한 후 단기적인 가격 변동에 신경 쓰지 말고, 매일 혹은 매달 조금씩 정기적으로 꾸준히 투자하면 되지요. 특히 ETF는 가격이 싸기 때문에 학생 투자자에게 매우 적합해요. 적은 돈이지만 꾸준히 10년, 20년 투자하면 틀림없이 좋은 성과를 얻을 수 있을 거예요. 초보 투자자이거나, 돈이 많지 않거나, 장기적인 투자자라면 ETF 투자를 권할게요.

4.
미국 주식의 장점과 단점

　요즘은 '서학개미'라는 말이 있을 정도로 많은 사람들이 해외주식, 그중에서도 미국 주식에 관심이 많아요. 학교에서도 '테슬라 대박' 같은 말이 들리는 걸 보면 우리 학생들도 미국 주식에 정말 관심이 많은 것 같아요. 예전에는 미국 주식에 접근하기가 참 어려웠는데, 지금은 국내 주식과 별다른 차이 없이 거래할 수 있으니 관심이 가는 건 당연한 일일 거예요. 이번에는 국내 주식과 비교해 미국 주식이 가진 장점과 투자할 때 조심해야 할 단점들에 대해 알아보기로 해요.

미국 주식의 장점

　첫 번째, 미국은 세계 경제를 이끌어 가는 곳이고, 세계에서 가장 큰 자본 시장이에요.

미국은 세계에서 경제 규모가 가장 크고, 모든 산업에 걸쳐 세계 최고의 기업도 많지요. 얼핏 생각해도 월트디즈니, 코카콜라, 맥도날드, 나이키, 화이자 등 미국 기업이지만 우리에게 익숙한 기업이 많아요. 치열한 경쟁을 거쳐 생존했고, 오랜 시간 동안 지속적으로 이익을 창출한 기업들이기도 해요. 따라서 미국 기업에 투자한다는 것은 이미 검증된 세계적인 기업에 투자하는 것이라고도 할 수 있어요.

두 번째, 미국 주식시장은 확장성이 매우 커요.

미국에서 성공한 기업은 미국 내에서의 성장으로 그치는 것이 아니라 전 세계로 퍼져 나가요. 그만큼 시장이 넓다고 할 수 있지요. 예를 들어 햄버거를 볼게요. 햄버거는 미국에서 만들었어요. 미국에서 맨 처음 햄버거가 나왔을 때 미국 사람들에게 많은 인기를 끌었어요. 당연히 미국 햄버거 기업의 주가가 올랐을 거예요. 그런데 미국에서 성장한 햄버거는 이후 전 세계로 퍼져서 세계 거의 모든 나라 사람들이 햄버거를 먹게 되었어요. 이렇게 되면 또 주가가 오르겠지요. 그래서 미국 기업의 시장이 크고 넓다고 말하는 거예요. 여러분도 잘 아는 스타벅스나 켈로그 시리얼도 마찬가지예요. 모두 미국에서 만들어져서 전 세계로 퍼진 기업들이지요.

세 번째, 세상을 바꿀 만한 혁신적인 기업이 많아요.

미국에는 사람들의 일상생활을 바꾸는 혁신적인 기업이 많아요. 예를 들면 애플 같은 기업이 있지요. 애플은 스마트폰을 처음 만든 회사예요. 스마트폰이 나온 후 세상은 완전히 달라졌지요.

네 번째, 달러에 투자하는 효과를 가지고 있어요.

미국 주식은 달러로 사기 때문에 미국 주식을 보유한다는 것은 달러를 보유하고 있다는 뜻도 돼요. 자연스럽게 미국 달러에 투자하는 부가적인 효과를 얻을 수 있지요. 미국 달러는 세계에서 가장 안전한 화폐이고, 기축통화이기도 하니까요.

다섯 번째, 다양한 ETF가 있어요.

요즘은 국내에도 다양한 ETF가 나오지만, 그래도 ETF의 천국은 미국이에요. 미국에는 정말 다양한 산업에 투자하는 다양한 ETF가 존재하고, 그 종류도 매우 세분화되어 있어요. 특정 분야나 특정 국가 지수를 추종하는 ETF를 고를 수 있다는 장점이 있지요.

미국 주식의 단점

첫 번째, 미국 주식시장은 변동성이 무한대예요.

국내처럼 상한가와 하한가가 없어요. 우리나라는 하루에 오르고 내리는 가격의 범위를 정해 두고 있어요. 아무리 많이 올라도 30% 이상 오를 수 없고, 아무리 많이 내려도 30% 이하로 내릴 수 없지요. 그러나 미국은 심하면 하루에도 수백 퍼센트 오르고, 그만큼 떨어지기도 해요. 주가의 변동성이 매우 크기 때문에 투자에 신중해야 해요. 미국 주식은 특히 실적에 민감하게 반응해요. 실적이 나쁘면 하루에도 수십 퍼센트씩 떨어지는 경우가 많아요. 따라서 미국 주식에 투자하고 싶다면 무엇보다 먼저 실적이 받쳐 주는 기업에 투자하는 것이 좋아요.

두 번째, 해외 기업이라서 다양한 투자 정보를 구하기 어려워요.

우리나라 기업이라면 증권사에서 제공하는 다양한 기업 정보나 전자공시를 쉽게 볼 수 있어요. 그러나 미국 주식은 해외주식이라서 기업에 관한 정보가 국내 주식만큼 많지는 않아요. 또 언어가 달라서 정보를 해석하기도 쉽지 않고, 정확하지 않은 정보도 많지요. 자칫 잘못하면 '묻지 마 투자'가 될 수 있으니 믿을 수 있는 기업에만 투자하는 게 좋아요.

세 번째, 환율의 영향을 받아요.

미국 주식은 달러로 거래하기 때문에 환율에 따른 손해(환차손)가 발생할 수 있어요. 달러로 계산하면 수익이 나는데, 환율 때문에 원화로 팔면 손해 보는 경우도 있어요.

5

지혜로운 미국 주식 투자 생활

앞에서 우리나라 주식과 미국 주식 투자를 비교하며 장단점을 알아보았어요. 이번에는 이런 단점들을 피하려면 어떻게 해야 하는지 미국 기업에 투자하는 구체적인 방법을 알아볼게요.

첫 번째, 종목을 선정할 때 자신이 가장 잘 아는 기업을 선택하세요. 미국 주식은 해외주식이라 정보가 매우 부족하지만, 미국의 유명한 기업은 국내 주식만큼이나 투자 정보가 풍부해요. 요즘은 인터넷 덕분에 실시간으로 정보가 전달되기도 하지요. 만약 미국 주식에 투자한다면 국내 기업만큼이나 많은 정보를 얻을 수 있고, 누구나 알 수 있는 기업에 투자하는 것이 좋아요.

두 번째, 종목 선정에 자신이 없거나 잘 모른다면 미국 ETF를 고려하세요.

특히 혁신 기업이라면 우리가 모르는 기업들이 많아요. 이런 기업들에 직접 투자하는 것은 매우 위험할 수 있어요. 이럴 때는 산업의 방향성을 믿고, 미국 ETF에 투자하는 것도 대안이 될 수 있어요. 예를 들어 미국 S&P500을 추종하는 ETF라면 미국의 500대 기업에 투자하는 효과가 있어요.

세 번째, 여러 번으로 나누어서 사세요.

미국은 해외라서 환율의 영향을 많이 받아요. 같은 1달러라도 언제 사느냐에 따라 그 값어치가 달라지지요. 또 미국 주식시장은 변동폭이 매우 크다는 것도 고려해야 해요. 그래서 주식을 한 번에 사지 않고, 여러 번 나누어서 사면 이런 위험 요소를 최대한 줄일 수 있어요.

네 번째, 소수점 투자도 방법이에요.

요즘은 '소수점 투자'라고 해서 주식을 1,000원 단위로 나누어서 투자할 수도 있어요. 예를 들면 애플 1주의 가격은 170달러이고, 한화로는 20만 원 정도예요. 그런데 이 주식을 작게 쪼개서 천 원어치만 살 수도 있다는 말이에요. 이렇게 1주를 작게 쪼개서 소수점으로 파는 것을 '소수점 거래'라고 하는데, 요즘은 많은 증권사에서 이 소수점 투자를 할 수 있어요. 아직은 미국 주식에서만 허용되지만, 앞으로는 국내 주식으로도 확대한다고 하네요.

　소수점 투자의 장점은 적은 돈으로도 주식을 살 수 있다는 거예요. 10대인 여러분은 돈이 많지 않잖아요? 그러니 소수점 거래의 장점을 활용해 매일 혹은 매주, 단돈 천 원씩이라도 꾸준히 투자하는 것도 좋은 방법일 거예요.

　다섯 번째, 국내 주식과 미국 주식의 비중을 조절해서 투자하세요.

　아무리 좋아도 미국 주식은 미국 주식이고, 한국 주식은 한국 주식이에요. '달걀을 한 바구니에 담지 마라'가 기억나죠? 한 곳에 전부를 투자하는 것은 투자 원칙에서 어긋나요. 종목도 국가도 한국과 미국으로 적절히 분산하는 것은 안전한 투자를 위한 최소한의 장치이기도 해요.

: 5부 :

주식, 투자의 철학을 담다

투자의 목적을 분명히 하라

학생들에게 주식 투자의 목적을 물어보면 대부분 "돈을 벌기 위해서"라고 대답해요. 그런데 너무 막연하지 않나요? 얼마나 벌어야 하는 걸까요? 백 원을 버는 것도, 백만 원을 버는 것도 모두 '돈을 버는' 것이니까요. 이것은 선생님께서 "공부를 어떻게 할 거니?"라고 물었을 때 "그냥"이나 "잘"이라고 대답하는 것과 같아요. 따지고 보면 아무것도 하지 않겠다거나 무엇을 어떻게 해야 할지 모르겠다는 말과 다를 바 없거든요. 목적이 구체적이지 않으니 행동도 두루뭉술해지는 것이지요.

주식 투자도 마찬가지예요. 그냥 단순히 돈을 벌기 위해서 투자한다고 생각하면 무엇을 어떻게 해야 할지에 대한 구체적인 계획이 나올 수 없어요. 그래서 투자자는 자신이 왜 주식 투자를 하는지 목적을 아주 구체적으로 정할 필요가 있어요.

주식 투자는 투자 목적에 따라 투자하는 방법도 달라져요. 예를 들어 내일 당장 치킨을 사 먹고 싶어서 주식을 사야 한다면 어떤 주식을 선택해야 할까요? 오늘 투자해서 내일 바로 치킨 한 마리 값인 2만 원을 벌 수 있는 주식에 투자해야겠지요. 삼성전자처럼 덩치가 커다래서 쉽게 가격이 변하지 않는 무거운 주식에 투자하지는 않을 거예요. 따라서 투자자는 자신의 투자 목적을 명확하게 하고, 투자 목적에 맞는 주식을 사서, 투자 목적이 달성될 때까지 보유한다는 원칙을 가질 필요가 있어요.

그렇다면 학생 투자자의 주식 투자 목적은 무엇이 되어야 할까요?

많은 전문가들이 투자의 목적은 '노후의 경제적인 안정'이어야 한다고들 말해요. 이때의 노후란 직장에서 은퇴하고 난 후 수입이 없어지는 시기로, 여러분의 나이가 60세 정도 됐을 때를 말하지요. '노후 준비'라는 말을 들으면 이제 겨우 10대인데 무슨 노후 준비냐고 의아하게 생각할 수도 있을 거예요. 맞는 말이에요. 여러분에게 노후는 아주 먼 훗날이기는 해요. 그러나 10대인 여러분에게도 노후는 반드시 오게 마련이라서 준비는 필요하지요. 게다가 노후 준비에는 생각보다 많은 시간이 필요해요. 실제로 아무런 대비 없이 노후가 되어 경제적인 어려움을 겪는 사람들이 많다고 해요. 그래서 노후 준비는 빠르면 빠를수록 좋다고 할 수 있어요.

여러분도 '투자의 귀재'라는 워런 버핏에 대해 들어 봤을 거예요. 워런 버핏은 세계 최고의 부자 중 한 명으로 90세가 넘은 지금도 왕성하게 투자하고 있어요. 그런 워런 버핏이 처음 주식 투자를 시작한 나이가 12살이었대요. 성공한 투자자로 손꼽히는 워런 버핏에게 지금까지 투자하면서 가장 후회되는 점이 무엇이냐고 물어보았어요. 놀랍게도 워런 버핏의 대답은 "주식 투자를 조금 더 일찍 시작하지 못한 것"이었대요. 12살에 시작했는데도 말이에요. 더 놀라운 것은 워런 버핏의 재산 중 90% 이상이 65세 이후에 번 돈이라는 거예요.

중요한 것은 주식 투자를 일찍 시작해서 오랫동안 투자해야 복리 효과를 제대로 누려서 수익을 극대화할 수 있다는 점이에요. 젊어서부터 1주, 2주 꾸준히 투자하면 그 투자의 효과를 노후에 볼 수 있어요. 워런 버핏도 젊어서부터 꾸준히 투자한 결과 65세 이후부터 그 투자의 열매를 거둘 수 있었지요. 여러분은 아직 10대이지만 지금부터 '노후 준비'라는 목표를 정하고 50년 동안 꾸준히 투자할 수 있다면 50년, 60년 후에는 정말 큰 부자가 되어서 걱정 없이 풍족하게 살 수 있게 될 거예요.

2.

투자의 원칙은 방향성에 있다

투자의 목적이 명확해졌다면, 이제부터는 그 목적에 맞는 기업을 선택해야 해요. 여러분의 투자 목적은 '50년 후의 편안한 노후 생활'이기 때문에 투자 종목도 긴 시간 동안 오래 투자할 수 있는 종목이어야 할 거예요. 최소한 10년 이상, 길게는 40년 이상 꾸준히 수익을 줄 수 있는 그런 종목이면 좋겠지요. 이렇게 길게 투자해서 수익을 내려면 어떤 기업에 투자해야 할까요?

첫 번째, 누구나 알고 있고, 설명할 필요가 없는 기업에 투자하세요. 투자가 처음이라면 삼성전자에 투자하라는 말을 들어 봤을 거예요. 왜 삼성전자에 투자하라는 걸까요? 아마 우리나라 시가총액 1위인 데다가 가장 크고 잘 알려진 기업이라서 설명이 필요 없기 때문일 거예요. 삼성전자는 친구로 말하자면 언제나 1등인 스타일이에요. 예전에도 그랬고, 앞으로도 그럴 것 같아요. 미국까지 범위를 넓히면 코카콜라와 비슷하다고 할 수 있어요. 코카콜라는 전 세계 모든 사람이 알고 있고, 설명이 필요 없는 기업이니까요. 오랫동안 전 세계 사람들에게 꾸준히 사랑받고 있고, 앞으로도 그럴 가능성이 매우 커요. 수십 년 동안 1위를 지킨다는 것은 그만한 실력이 있어야 가능한 일이니까요.

두 번째, 경쟁자가 나타나지 못할 정도로 독보적이거나 독점적인 기업이면 좋아요.

예를 들면 네이버나 카카오 같은 기업이에요. 네이버와 카카오는 여러분도 잘 아는 것처럼 우리나라 포털 사이트와 메신저를 독점적으로 운영하고 있어요. 이 방면에서는 거의 독보적이라고 할 수 있지요. 미국으로 범위를 넓히면 조금 더 세계적인 기업을 찾을 수 있어요. 예를 들면 마이크로소프트 같은 기업이지요. 애플 컴퓨터를 제외한 전 세계의 거의 모든 컴퓨터가 운영체제로 마이크로소프트의 Windows 프로그램을 사용하고 있어요. 이 외에도 파워포인트나 엑셀 등 많은 독점적인 소프트웨어를 가지고 있지요. 이런 독점적인 기업은 그 영역에서 누구도 따라오지 못할 위치를 차지하고 있기 때문에 꾸준한 수익을 낼 수 있고, 경쟁자가 없어서 가격 결정력도 뛰어나요. 마이크로소프트에서 가격을 올린다고 Windows를 안 쓸 수는 없으니까요.

세 번째, 세상을 바꾼 기업에 투자하세요.

사람들의 생활양식을 바꾼 기업을 '혁신 기업'이라고 하는데, 이런 혁신 기업에 투자하는 것도 좋은 방법이에요. 세상을 바꾼 기업이라고 해서 뭔가 거창한 게 아니에요. 우리 일상생활 속에서도 쉽게 찾을 수 있지요. 예를 들면 스마트폰이 있겠네요. 애플에서 처음 만든 스마트폰은 우리의 생활을 완전히 바꾸어 놓았지요. 요즘은 유튜브나 넷플릭스 등에서 영상을 많이 보잖아요? 예전에는 텔레비전으로만 동영상을 보았는데 지금은 세상이 달라졌어요. 또 온라인 쇼핑과 배달문화도 우리의 생활을 바꾸어 놓았지요.

이처럼 세상을 바꾸는 기업에 투자한다는 것은 그 기업이 새로운 세상을 만들 것이라는 성장 가능성을 믿고 투자하는 거라고 할 수 있어요. 혁신 기업에 투자하고 싶다면 주위의 현상에 많은 관심을 가져야 해요. 생활에서 자주 사용하는 물건이나 서비스에 관심을 가지고 찾다 보면 의외로 좋은 기업들을 발견할 수도 있을 거예요.

네 번째, 반대로 세상이 바뀌어도 영원할 기업에 투자하는 것도 좋아요.

혁신적인 기업과는 완전히 반대인 기업이에요. 대부분 우리 생활 속 의식주에 관련된 생활필수품을 만드는 기업일 경우가 많아요. 예를 들면 나이키 같은 기업이 있겠어요. 아무리 세상이 바뀌어도 신발은 신을 거예요. 그렇다면 나이키라는 기업은 세상의 변화와 상관없이 꾸준한 실적을 낼 수 있겠지요. 무엇보다도 나이키는 이미 우리 생활 속 깊숙이 자리 잡았기 때문에 20, 30년 후에도 살아남을 것이고, 나이키의 명성 또한 쉽게 무너질 것 같지 않잖아요. 세상이 변해도 영원할 것 같은 기업은 이렇게 우리 생활과 직접적으로 관련되어 있어서 쉽게 바꿀 수가 없어요. 그래서 실적이 꾸준히 나오는 것이지요.

다섯 번째, 여러분이 즐겨 쓰고 좋아하는 물건을 만드는 기업에 투자하세요.

여러분이 생활에서 자주 사용하는 물건이나 서비스 등에 투자하면, 내가 자주 사용하는 물건의 주주가 되는 것과 같아요. 늘 관심을 가지고 확인할 수도 있지요. 텔레비전 광고나 거리의 매장 등 생활하면서 늘 볼 수 있으니 기업의 경영 상태도 언제나 확인할 수 있다는 장점이 있어요. 예를 들어 여러분이 햄버거 회사에 투자했다면, 길거리를 지나거나 광고에서 햄버거를 봤을 때 그냥 지나치지 않고 다른 사람들의 반응 등을 확인할 테니까요.

생활 속에서 직접 사용해 보고, 투자하는 것은 좋은 습관이지만 그래도 몇 가지 살펴볼 것은 있어요. 먼저 나만 좋아하는 것이 아니라 다른 사람도 좋아해야 한다는 것이에요. 주가는 나 혼자 결정하는 게 아니라 많은 사람의 의견이 모여서 결정되기 때문이지요. 내가 아무리 식혜를 좋아하더라도 다른 사람들이 식혜보다 콜라를 더 좋아한다면 식혜 회사보다는 콜라 회사에 투자하는 것이 더 가치 있는 투자일 거예요. "주식 투자를 잘하고 싶다면 다른 사람들의 지갑을 보라"라는 말이 있어요. 나뿐만 아니라 다른 사람들이 무엇을 사는지, 어떤 서비스를 이용하는지를 살펴보라는 뜻이지요.

생활 속에서 투자 기업을 찾을 때 또 하나 주의할 것이 있어요. 그것은 바로 반짝 인기를 끄는 기업은 장기 투자에 적당하지 않다는 거예요. 한때 허*버터칩이 인기를 끈 적이 있었어요. 슈퍼마켓, 편의점 할 것 없이 전부 품절되는 바람에 구하기 힘든 귀한 과자였지요. 당시에 허*버터칩이 유행하면서 그 회사의 주가가 올랐지만 오래 지속되지는 않았어요. 일시적인 인기가 사라지면 주가는 다시 제자리로 돌아오기 마련이에요. 여러분은 장기 투자를 해야 하잖아요? 그러니까 일시적인 인기를 끄는 곳보다는 꾸준히 발전하는 기업을 찾으려고 노력해야 해요. 만약 생활에서 새로운 것이 나왔는데, 심지어 인기를 끈다면 그것이 일시적인 현상인지 꾸준히 성장할 수 있을 것인지를 판단해 보고 투자를 결정하세요.

여섯 번째, 확장성이 있으면 더 좋아요.

예전에는 하나의 기업이 하나의 업종에만 전념했지만 지금은 그렇지 않지요. 많은 기업이 성공한 사업 하나를 기반으로 새로운 사업을 찾아 영역을 넓혀 가고 있어요. 만약 하나의 기업이 다른 여러 산업으로 확장할 수만 있다면 그 기업은 더 크게 성장할 수 있을 거예요. 이왕이면 이렇게 확장성이 좋은 기업에 투자해야 더 많은 수익을 보겠죠? 기업 확장성의 대표적인 예가 구글인 것 같아요. 구글은 검색엔진에서 시작했지만, 휴대폰 운영체계인 안드로이드를 가지고 있어요. 지금은 애플 폰을 제외한 거의 모든 스마트폰이 구글의 안드로이드를 사용하고 있지요. 또 유튜브도 운영하고 있어요. 게다가 안드로이드를 기반으로 자율주행차도 연구 중이지요. 이처럼 하나의 영역에서 독보적인 위치를 차지하고 있으면서도 새로운 영역으로 사업을 확장해 나갈 수 있다면, 새로운 성장 동력을 얻어 끊임없이 발전할 수 있을 테니 장기 투자에 적당한 기업이라고 할 수 있어요.

주식 투자는 내가 선택한 기업과 운명 공동체가 되는 거예요. 여러분의 운명을 아무런 목적과 원칙 없이 아무 데나 맡길 수는 없잖아요? 그러니 주식 투자를 하려면 원칙을 세우고, 자신의 원칙과 기업을 비교해 보고, 그 원칙에 부합한다는 확신이 섰을 때 투자하세요.

참고로 앞에서 예를 든 기업은 여러분의 이해를 돕기 위한 기업이에요. 여러분에게 이 기업의 주식에 투자하라고 추천하는 것은 아니라는 점을 꼭 기억해 주세요. 모든 투자에 대한 책임은 투자자 본인에게 있어요. 투자할 기업을 선택할 때는 항상 신중하게 생각하고, 기업분석과 투자에 대한 공부를 열심히 할 필요가 있어요.

3.
부자의 길은 분산 투자와
장기 투자에 있다

지금까지는 어떤 기업에 투자할 것인지를 고민했다면, 지금부터는 어떻게 투자할지에 대해 생각해 보기로 해요. 사실 주식에 투자하는 사람이라면 누구나 투자에 따르는 위험은 줄이고, 수익은 최대한으로 늘리기를 바랄 거예요. 지금부터 최고의 투자법에 대해 알아볼까요?

첫 번째, 분산 투자예요.

분산 투자는 하나의 종목에만 투자하는 것이 아니라 다양한 산업과 기업에 투자하는 것을 말해요. 이렇게 다양한 곳에 투자하는 이유는 주식 투자의 위험성을 줄이기 위해서지요. 여러분도 "달걀을 하나의 바구니에 담지 마라"라는 말을 들어 본 적이 있을 거예요. 달걀을 한 바구니에 담았는데 그 바구니가 엎어지기라도 하면 모든 달걀이 깨질 수 있으니까요. 여러 바구니에 나누어 담아 놓으면 그중 하나가 쏟아져 깨져도 다른 바구니의 달걀은 무사하니 손해를 적게 볼 수 있지요. 주식 투자도 마찬가지예요. 하나의 종목에 전 재산을 투자했는데 그 기업이 상장폐지라도 되면 모든 재산을 날리게 될 거예요. 그래서 주식 투자를 할 때도 서로 다른 산업에 골고루 투자하면 위험을 분산할 수 있다고 말하는 거지요.

포트폴리오 부분에서도 설명했지만 성장주와 가치주, 경기민감주와 경기방어주, 배당주 등에 골고루 투자하면 위험을 분산할 수 있어요. 국내와 해외주식의 비중을 조절해서 분산할 수도 있지요. 이렇게 성격이 각기 다른 종목과 산업에 분산해서 투자하면, 하나가 안 좋아도 다른 종목이 보완해 줄 수 있어요.

ETF 투자도 분산 투자 방법 중 하나예요. 여러 종목으로 구성되어 있으니 ETF 자체만으로도 분산 투자를 하는 효과를 얻을 수 있지요. 또 ETF는 산업별로, 국가별로, 지수별로 다양하게 투자할 수 있기 때문에 여러 종류의 ETF를 구입하면 자연스럽게 분산 투자의 효과를 누릴 수 있어요. 따라서 분산 투자에 자신이 없거나 초보 투자자라면 처음부터 ETF에 투자하는 것도 좋은 방법이에요.

두 번째, 분할 매수예요.

분할 매수는 한 종목의 주식을 한 번에 사지 않고, 여러 번에 걸쳐 나누어 사는 것을 말해요. 주식 투자자라면 누구나 주식을 싸게 사고 싶어 해요. 그래서 누구나 그림 ㉯ 지점에서 주식을 사고 싶어 하지요. 그런데 주가가 언제 가장 싼지는 아무도 몰라요. ㉯ 지점이 가장 싸다는 것은 지나고 나서야 알 수 있는 거지 더 오를지 더 떨어질지 당시에는 모르니까요. 내일 어떻게 될지 모르니 한 번에 다 사지 않고 나누어서 사라고 하는 거예요.

이렇게 여러 번 나누어서 사면 설령 고점인 ㉮ 지점에서 샀더라도 ㉯ 지점에서도 살 수 있으니 평균적으로 보면 단가를 낮출 수 있지요. 특히 여러분은 앞으로 적어도 50여 년 동안 투자를 계속해야 하잖아요? 그러니까 처음 투자를 시작할 때부터 주식은 오랜 시간 동안 나누어서 산다는 원칙을 가지고 투자하길 바라요. 주식을 산다기보다는 주식으로 적금을 들었다고 생각하고, 돈이 생길 때마다 꾸준히 매수한다면 50년 후에는 큰 부자가 될 수 있을 거예요.

〈출처: kb증권〉

세 번째, 장기 투자예요.

장기 투자는 한 종목에 오랫동안 투자한다는 뜻이에요. 주식 투자자를 투자하는 기간으로 나눈다면 크게 단기간에 주식을 매매하는 단기 매매자와 한 종목에 길게 투자하는 장기 투자자로 나눌 수 있어요. 단기 매매는 학생 투자자에게 적합하지 않아요. 단기 매매는 전문가들이 하는 거예요. 매일 물건을 사고파는 일은 장사를 전문적으로 하는 상인들의 몫이지 투자자가 할 일은 아니에요. 전문적으로 해야 하는 일에 전문적이지 않은 사람이 뛰어들어서 돈을 벌 확률은 매우 낮아요. 주식도 마찬가지예요. 주식을 단기간에 매매하는 건 주식 투자를 전문적으로 하는 사람들의 몫이에요. 여러분은 주식 전문가가 아니라서 주식을 자주 사고팔면 실패할 확률이 매우 높아요.

워런 버핏은 장기 투자와 가치 투자로 유명한데, 워런 버핏이 장기 투자를 하게 된 계기는 어렸을 적 경험에서 나왔대요. 워런 버핏은 11살 때 시티즈 서비스(Cities Service)라는 주식을 38달러에 사서 40달러에 팔았다고 해요. 그런데 나중에 40달러에 팔았던 주식이 200달러가 넘는 것을 보고는 장기 투자를 해야겠다고 느꼈대요.

장기 투자는 수익을 극대화하는 방법이에요. 주가의 고점과 저점은 누구도 알 수 없어요. 어린 시절의 워런 버핏처럼 고점이라고 생각해서 팔았는데 더 올라가기도 하고, 주가가 많이 떨어져서 더 내려갈까 봐 걱정돼서 팔았는데 다시 오를 수도 있거든요. 이럴 때는 차라리 그냥 가지고 있는 것이 나을 수도 있어요.

장기 투자를 하는 방법은 두 가지예요. 하나는 한 번 주식을 산 후 오래 보유하는 것이고, 다른 하나는 하나의 종목을 꾸준히 분할 매수하는 것이에요. 아마 여러분도 "내가 팔면 오르고, 내가 사면 떨어진다"라는 말을 들어 봤을 거예요. 주식을 단기로 매매하면 실제로 이런 일이 자주 일어나요. 그러니까 이런 경우를 아예 사전에 차단하자는 말이지요. 내가 팔면 오르니까 안 팔면 되고, 내가 사면 내리니까 분할 매수로 더 사면 되는 것이지요. 장기 투자의 기본은 좋은 주식을 선택한 후 만기 없는 적금이라는 마음으로 꾸준히 계속해서 투자하는 것이랍니다.

4.

성공 투자, 이것만은 지켜라

사람들은 누구나 성공적인 투자를 원해요. 여러분도 아마 성공적인 투자를 해서 부자가 되고 싶을 거예요. 이번에는 어떻게 하면 성공적인 투자를 할 수 있을지 실제 사례를 통해서 알아보기로 해요.

성공 투자 사례의 주인공은 로널드 리드(Ronald Read)라는 사람이에요. 리드 씨는 2014년 92세의 나이로 사망했는데, 주식 투자로 무려 800만 달러, 한화로는 약 88억 4,000만 원의 재산을 남겼다고 해요. 더 존경스러운 건 80만 달러의 재산 중 60만 달러를 고향의 병원과 도서관에 기부했다는 점이에요. 리드 씨의 직업은 주유소 직원이었어요. 평생 복권에 당첨된 적도 없고, 높은 연봉을 받는 직업도 아니었던 리드 씨가 어떻게 그렇게 큰돈을 모을 수 있었는지 그 비결을 알아보기로 해요.

첫째, 리드 씨는 자신이 알고 있는 주식에만 분산 투자했다고 해요. 리드 씨가 투자한 종목은 95개였대요. 대부분은 이름만 들으면 알 만한 존슨앤존슨, P&G, 제너럴 일렉트릭(GE), 제이피모건체이스, 다우케미컬, CVS헬스 등이었어요. 리드 씨는 자신이 잘 모르는 테크 기업이나 테마 주식에는 손대지 않았다고 하네요.

둘째, 꾸준히 배당금을 지급해 온 우량주에 투자했고, 배당금이 나오면 다시 주식을 샀다고 해요.

셋째, 우량주를 사서 모으기만 했지 팔지는 않았다고 해요. 장기 투자를 실천한 것이지요. 리드 씨는 주식을 절대로 팔지 않기 위해 일부러 주식을 실물로 보관했다고 해요. 실물로 보관된 주식을 팔려면 직접 은행에 가서 주식을 찾은 후 증권계좌에 넣고, 다시 매도 주문을 넣어야 하는 등 귀찮고 복잡한 과정을 거쳐야 해요. 덕분에 리드 씨는 한 번 산 주식은 팔지 않고, 장기간 보관할 수 있었어요.

넷째, 리드 씨는 근검절약했으며, 돈을 벌면 꾸준히 주식을 사서 모았어요. 좋은 자동차를 사거나 사치하지 않으면서 성실히 일하고, 그 돈으로 주식을 계속 사들였어요. 주식을 거래하는 것이 아니라, 주식을 보유한다는 관점으로 장기 보유했다고 해요. 이렇게 재투자와 꾸준히 지속된 투자가 시간과 만나면서 복리 효과라는 큰 힘을 발휘할 수 있었어요.

다섯째, 리드 씨는 분산 투자로 위험을 최소화했어요. 하지만 항상 성공만 한 것은 아니었어요. 리드 씨가 산 주식에는 2008년 금융위기의

출발점이 되었던 '리먼 브라더스'도 있었어요. 당시 리먼 브라더스는 상장폐지가 되었고, 리드 씨도 손실을 보았지요. 그러나 리드 씨의 포트폴리오는 제조업, 유틸리티, 소비재 기업 등 여러 업종에 골고루 분산되어 있었죠. 덕분에 리먼 브라더스가 파산했어도 다른 종목으로 보완할 수 있어서 금융위기를 무사히 넘길 수 있었다고 하네요.

여러분은 리드 씨의 투자 이야기를 듣고 어떤 생각이 드나요? 뭔가 특별한 것이 있었나요? 아마 지금까지 들었던 것과 크게 다른 건 없었을 거예요. 그런데도 굳이 이 이야기를 들려주는 이유는, 리드 씨가 자신이 정한 원칙을 지키려고 무던히 노력했다는 점을 알려주고 싶어서예요. 사실 장기 투자와 분산 투자를 모르는 사람은 별로 없어요. 하지만 그냥 아는 것과 50년, 60년에 걸쳐서 지킬 수 있느냐는 것은 전혀 달라요. 누구나 좋은 기업을 선택해서 장기 투자해야 한다는 것을 알지만, 그것을 지키는 사람은 많지 않아요. 쉽지 않은 일이죠. 그래서 성공 투자를 위한 마지막 조건은 바로 자신이 정한 원칙을 끝까지 지키면서 투자하는 것이에요.

주식, 투자의 가치를 높이다

세 명의 농부가 농사를 지었어요.

첫 번째 농부는 상추와 사과를 밭에 나란히 심었어요. 며칠이 지나자 상추와 사과를 심은 곳에서 새싹이 나왔어요. 어느 것이 상춧잎이고, 어느 것이 사과잎인지 모를 만큼 너무나 작고 여린 잎들이었어요. 한 달이 지나자 상추는 무럭무럭 자랐어요. 농부는 기뻐하며 상추를 수확했어요. 그런데 같이 심은 사과나무는 한 달이 지나도 크게 자라지 않았어요. 당연히 사과 열매도 열리지 않았지요. 첫 번째 농부는 사과나무를 보고 상추와 비교하며 "상추는 벌써 수확하고 있는데, 아직도 그대로야?"라고 투덜댔어요. 결국 기다리다 지친 농부는 사과나무를 잘라 버리고 말았지요. 한없이 자랄 것 같은 상추도 시간이 지나자 곧 시들어 죽고 말았어요. 농부에게는 이제 상추도 사과나무도 아무것도

남지 않았어요.

두 번째 농부는 달랐어요. 사과나무를 심고 인내를 가지고 기다렸어요. 사과를 심은 지 4년이 지나자 드디어 사과가 하나둘 열리기 시작했어요. 처음 열린 사과라서 개수가 많진 않았지만 농부는 매우 기뻤어요. 그동안 기다린 보람이 있었지요. 농부는 몇 개 안 되는 사과를 모두 수확했어요. 사과를 수확했다는 사실만으로 몹시 만족했기 때문에 사과를 다 딴 사과나무는 잘라 버렸지요. 그리고 이번에는 배나무를 심었어요.

세 번째 농부의 사과나무에도 역시 사과가 열렸어요. 세 번째 농부는 첫 수확에 만족하지 않고, 더 많은 열매가 열리도록 거름도 주고, 나뭇가지도 치며 꾸준히 관리했어요. 사과나무는 해가 갈수록 더 커서 매년 많은 사과를 맺었지요. 농부는 매년 많은 양의 사과를 수확할 수 있었어요. 농부는 여기에서 만족하지 않고, 지금 수확하는 사과나무가 늙어서 열매를 맺지 못하게 될 것에 대비해 새로운 사과나무를 심었어요.

또 배나무와 복숭아나무도 심었지요. 새로 심은 사과나무도 시간이 지나면 사과를 수확할 수 있게 될 거예요. 사과값이 좋지 않을 때는 배나 복숭아가 보완해 줄 거예요.

어떤가요? 첫 번째, 두 번째 농부가 너무 어리석지요? 하지만 실제로 이런 일이 주식 투자에서는 정말 많이 일어나요. 처음 투자를 시작할 때는 누구나 좋은 종목을 선택한 후 절대 팔지 않고, 오래 투자하겠다고 마음먹어요. 그런데 다른 사람들의 주식은 올라가는데 내 주식은 올라가지 않으면 냉큼 팔아 버려요. 사과나무가 상추처럼 자라지 않는다고 사과나무를 잘라 버린 농부처럼 말이지요.

또 주식을 샀다가 주가가 조금 오르면 팔아 버리기도 해요. 두 번째 농부가 사과를 처음 수확한 후 기쁜 나머지 사과나무를 잘라 버린 것과 같은 것이지요. 사과나무의 첫 열매를 수확한 후에도 잘 보살펴 주면 더 많은 열매를 맺을 텐데 조그만 이익에 취해 사과나무를 자르는 일을 저지르고 마는 거예요.

　여러분은 세 번째 농부처럼 사과나무를 심고 가꾸는 사람이 되길 바라요. 기업의 미래가치를 알고, 꾸준히 오랫동안 사과나무가 그 가치를 다할 때까지 투자하는 그런 투자자 말이에요. 학생 투자자에게 주식 투자는 만기 없는 적금이라고 할 수 있어요. 사과나무를 기르듯이 좋은 기업의 주식을 조금씩 나누어 사고, 긴 시간 동안 꾸준히 투자하다 보면 저절로 주가도 오르고, 자연스럽게 복리 효과도 경험할 수 있을 거예요.

　《십대들이여, 주식을 탐하라》가 여러분의 주식 투자에 커다란 도움이 되었으면 해요. 감사합니다.

최무연